普通高等学校工程训练"十四五"规划教材

普通高等学校工程训练精品教材

工程训练——铸造分册

主　编　霍　肖
副主编　汤　亮　　陈含德
　　　　胡伟康　　史晓亮

华中科技大学出版社

中国·武汉

内 容 简 介

本书是根据教育部工程训练教学指导委员会对工程训练实践教学环节的要求,结合湖北省各高校工程训练之铸造课程改革的实践、国内外高等工程教育发展状况,并借鉴国内同类课程的经验编写而成的。

本书简要总结了铸造工艺的基本原理、种类、特点和应用,详细介绍了常见铸造工艺方法,并通过实践案例给出了各种铸造工艺的实现方法和手段,主要包括铸造工艺基础、手工砂型铸造、砂型 3D 打印铸造、特种铸造及虚拟仿真 4 个部分。

本书可作为普通高等学校机械及近机械类专业铸造工程训练课程教材,也可供工程技术人员参考。

图书在版编目(CIP)数据

工程训练.铸造分册/霍肖主编.—武汉:华中科技大学出版社,2024.5
ISBN 978-7-5772-0819-0

Ⅰ.①工⋯ Ⅱ.①霍⋯ Ⅲ.①机械制造工艺 Ⅳ.①TH16

中国国家版本馆 CIP 数据核字(2024)第 105272 号

工程训练——铸造分册   霍   肖   主编
Gongcheng Xunlian——Zhuzao Fence

策划编辑:余伯仲
责任编辑:余伯仲
封面设计:廖亚萍
责任监印:朱   玢
出版发行:华中科技大学出版社(中国·武汉)   电话:(027)81321913
          武汉市东湖新技术开发区华工科技园   邮编:430223
录   排:武汉市洪山区佳年华文印部
印   刷:武汉市洪林印务有限公司
开   本:710mm×1000mm 1/16
印   张:5.25
字   数:98 千字
版   次:2024 年 5 月第 1 版第 1 次印刷
定   价:19.80 元

普通高等学校工程训练"十四五"规划教材

普通高等学校工程训练精品教材

编写委员会

主　　任：王书亭(华中科技大学)

副主任：(按姓氏笔画排序)

于传浩(武汉工程大学)　　　　　刘怀兰(华中科技大学)

江志刚(武汉科技大学)　　　　　李　波(中国地质大学(武汉))

李玉梅(湖北工程学院)　　　　　吴世林(中国地质大学(武汉))

吴华春(武汉理工大学)　　　　　沈　阳(湖北大学)

张国忠(华中农业大学)　　　　　罗龙君(华中科技大学)

孟小亮(武汉大学)　　　　　　　贺　军(中南民族大学)

夏　新(湖北工业大学)　　　　　漆为民(江汉大学)

委　　员：(排名不分先后)

徐　刚　吴超华　李萍萍　陈　东　赵　鹏　张朝刚

鲍　雄　易奇昌　鲍开美　沈　阳　余竹玛　刘　翔

段现银　郑　翠　马　晋　黄　潇　唐　科　陈　文

彭　兆　程　鹏　应之歌　张　诚　黄　丰　李　兢

霍　肖　史晓亮　胡伟康　陈含德　邹方利　徐　凯

汪　峰

秘　　书：余伯仲

前　言

工程训练是普通高等学校本科教学中重要的基础实践教学环节,而铸造作为其中的一个重要科目,对整个学业完成有强支撑作用。它以实际工业环境为背景,以产品全生命周期为主线,让学生了解工业过程和体验工程文化,进而锻炼学生的实践能力,培养学生的工程素养。为进一步适应课程改革的新形势和精品课程的教学要求,深化工程实践教学的内涵建设,来自湖北省多所院校的铸造教学一线教师编写了本书。

本书为机械等工科专业使用的工程训练铸造教材,以培养应用型高级工程技术人才为目标,并结合实践教学的特点编写而成。在编写过程中,本书保留了传统的铸造工艺基础、手工砂型铸造内容,添加了砂型 3D 打印铸造、特种铸造及虚拟仿真内容,力求使教材内容具有综合性、实践性、科学性和先进性等特点。

本书紧密结合工程教育专业认证,以提升学生工程能力与工程素养为核心。每章有明确的基本知识、技能、安全操作规程要求、实用的教学内容和相应实例,内容丰富,层次清晰,便于组织开展教学。

本书由华中科技大学工程实践创新中心霍肖任主编;由湖北工业大学汤亮、陈含德,湖北大学胡伟康和武汉理工大学史晓亮任副主编。具体编写分工为:霍肖编写第 1、3 章部分内容和第 4 章,汤亮、陈含德编写第 3 章部分内容,胡伟康编写第1 章部分内容,史晓亮编写第 1 章部分内容和第 2 章。

本书的编写得到了湖北省高等教育学会金工教学专业委员会的亲切指导,以及各参编院校领导和老师的大力支持,在此表示衷心的感谢。

由于编者水平有限,书中难免有不妥和疏漏之处,恳请广大读者批评指正。

编　者

2024 年 2 月

目　　录

第1章 铸造工艺基础

1.1 实践目的

（1）了解铸造加工的工艺过程、特点和应用范围；

（2）了解型砂、芯砂等造型材料的组成、性能及其制备过程；

（3）掌握铸件分型面的选择原则及浇注系统的合理应用原则；

（4）了解铸造加工中熔炼设备的构造、特点，以及浇注、落砂、清理等过程；

（5）了解常见的铸造缺陷。

1.2 安全操作规程

（1）实训时要穿好工作服，浇注前要穿戴好防护用品。

（2）造型时，不要用嘴吹分型砂，以免砂粒飞入眼内；紧砂时不得将手放在砂箱上。

（3）搬动砂箱时要注意轻放，不要压伤手脚，不得将造型工具乱扔、乱放，或者用工具敲击砂箱及其他物件，不得用砂互相打闹。

（4）在造型场内行走时要注意脚下，以免踩坏砂型或被铸件、砂箱等碰、砸伤。

（5）浇注用具要烘干，浇包不能装满金属液；抬包时，人在前、包在后，不准和抬金属液包的人说话或并排行走。

（6）非工作人员不要在炉前、浇注场地和行车下停留和行走。

（7）在熔炉间及造型场地内观察熔炼与浇注时，应站在一定距离外的安全位置，不要站在浇注时往返的通道上。如遇火星或金属液飞溅，应保持镇静，不要乱跑，防止碰坏砂型或发生其他事故。

（8）不准将冷金属或冷金属工具放入金属液中，以免引起金属液爆溅伤人。

（9）对刚浇注的铸件，未经许可不得触动，以免损坏铸件或烫伤人。

（10）清理铸件时，要待温度冷却到常温，要注意周围环境，不要对着人打浇口或凿毛刺，以免伤人。

1.3 铸 造 概 述

铸造技术的发展伴随着人类文明的进步，迄今已有千年历史。我国是铸造技术发展和应用最早的国家之一，在我国古代，铸造技术居世界领先地位。1978 年改革开放之后，我国的铸造技术取得了突飞猛进的发展。当前，我国铸造技术在基础理论研究、专业操作人员技术水平、工艺设计水平以及生产装备的技术含量和先进性等方面已迈入世界先进行列；同时，原辅材料的制造和供应也形成了比较完备的体系。

铸造业是制造业的重要组成部分，广泛应用于汽车、石化、钢铁、电力、造船、纺织和装备制造等领域。随着国民经济的发展和科学技术的进步，铸造业的应用范围越来越广，铸件的优化程度也越来越高，铸造工艺设计水平对提高铸件内外质量、提高铸件成品率、提高经济效益等方面，有着非常重要的作用。铸造技术已成为现代科学技术三大支柱之一的材料科学的一个重要组成部分。本章将对铸造的原理与方法、铸造工艺过程，以及铸造工艺设计流程等内容进行介绍。

铸造生产具有以下特点：

（1）适用范围广。

在合金方面，可供铸造用的金属（合金）种类十分广泛。常用的有：铸铁、铸钢、铝、镁、铜、锌及其合金，还有钛、镍、钴及其合金。对于脆性金属或合金，铸造是唯一可行的加工方法。在生产中以铸铁件应用最广，占铸件总产量的 70% 以上。

在尺寸大小方面，铸造几乎不受零件尺寸大小、厚薄和复杂程度的限制（壁厚最薄 0.2 mm，最厚 1 m；长度最短几毫米，最长几十米）。

在质量方面，质量最小的铸件只有几克，最大的可达 500 多吨。

我国的三峡电站水轮机转轮直径达 10 m,净质量为 438 t。若不采用铸造成形,用其他工艺难以制造。

在形状方面,铸件形状无论是外形还是内腔,可以从最简单到任何复杂程度,其形状的复杂程度原则上不受限制。

(2)铸件的尺寸精度高。

一般情况下,铸件比锻件、焊接件的尺寸精确,可节约大量金属材料和机械加工工时。

(3)成本低廉。

在一般机器生产中,铸件质量占总质量的 $40\%\sim80\%$,而铸件成本只占总成本的 $25\%\sim30\%$。成本低的原因是:对比其他工艺方法,铸造容易实现机械化生产,可大量利用废、旧金属料;与锻件相比,其动力消耗小,尺寸精度高,加工余量小,节约了加工工时和原材料。

但铸造生产也有铸件力学性能较差、生产工序多、质量不稳定、工人劳动条件差等缺点。随着铸造合金、铸造工艺技术的发展,特别是精密铸造的发展和新型铸造合金的成功应用,铸件的表面质量、力学性能都有显著提高,铸件的应用范围日益扩大。

铸造生产在国民经济中占有极其重要的地位。在机床、内燃机和重型机械领域中,铸件占 $70\%\sim90\%$,在风机、压缩机、动力机中占 $60\%\sim80\%$,在农业机械中占 $40\%\sim70\%$,在交通运输车辆中占 $15\%\sim70\%$。在现代工业领域也有广泛的应用,如计算机、摩托车、家用电器、国防产品,甚至是小孩玩具。目前,西菱动力科技股份有限公司接受线上调研时表示,新型铸造工艺将应用于航空航天领域,且已有明确的计划。

1.4 铸造的原理与方法

1.4.1 铸造原理

铸造是采用熔炼的方法将金属或合金熔化成液态,在大气、特殊气体保护或真空等环境下,通过重力、压力、离心力、电磁力等外场单独或耦合作用,将金属熔体填充到预先制备好的型腔中,在铸型中凝固成形,获得具有一定形状、尺寸和性能的毛坯加工制造方法。其本质是利用液态金属的流动性并使其冷却凝固成形,所铸出的金属制品称为铸件。绝大多数铸件需经机械加工才能成为各种机器零件,少数铸件在达到使用的尺寸精度和表面粗糙度要求时,可作为成品或零件直接使用。

1.4.2 铸造方法

在各种铸造方法中,应用最普遍的就是砂型铸造。这是因为砂型铸造的铸件可批量生产,形状、尺寸、质量及合金种类等几乎不受限制。但是,随着科学技术的发展,人们对铸造提出了更高的要求,要求生产出尺寸更加精确、性能更好、成本更低的铸件。近几十年来,铸造工作者在继承、发展古代铸造技术和应用现代科学技术成就的基础上,发明了许多新的铸造方法,这些方法统称为特种铸造方法。例如熔模铸造、金属型铸造、低压铸造、差压铸造、挤压铸造、离心铸造、真空铸造、半固态铸造、消失模铸造、压力铸造、连续铸造和快速铸造,即快速成形技术和铸造技术结合的产物。快速成形技术则是计算机技术、CAD(计算机辅助设计)技术、CAE(计算机辅助工程)技术、高能束技术和材料科学技术等多领域高新技术的集成技术。

根据不同分类标准,铸造方法可做如下分类。

按铸造合金的种类分类:铸钢件铸造、铸铁件铸造、铸铝件铸造、镁合金铸造、铜合金铸造。

按铸型寿命的特点分类:一次型铸造(制得的铸型只能浇注一次)、半永久型铸造(制得的铸型能浇注多次甚至几十次)、永久型铸造(制得的铸型能浇注100次以上)。

按浇注时金属液承受的压力分类:常压铸造(液态金属在重力作用下充型并凝固)、差压铸造(液态金属在较低的压力下充型并凝固)、离心铸造(液态金属被注入高速旋转的铸型中,在离心力的作用下充型并凝固)、真空铸造(金属在 $0.013 \sim 1.3$ Pa 的专用设备中熔化后充型并凝固)。

按模样的几何特点分类:整体模铸造(模样制成整体结构)、分模铸造(模样和芯盒分开,被制成上半部分和下半部分)、刮板铸造(模板被制成板状,刮板沿该轴心旋转,车成铸型)、实型铸造(用聚苯乙烯模,造好型后不取出模样)等。

1.5　砂型铸造工艺

砂型铸造的工艺过程如图 1-1 所示。根据零件的形状和尺寸,设计制造模样和型芯盒;配制型砂和芯砂;用模样制造砂型;用型芯盒制造型芯;把烘干的型芯装入砂型并合型;将熔化的液态金属浇入铸型;凝固后经落砂、清理、检验即得铸件。图 1-2 为铸件生产过程示意图。

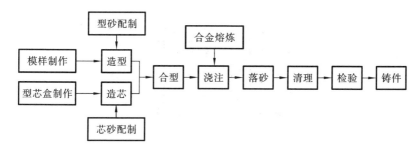

图 1-1　砂型铸造的工艺过程

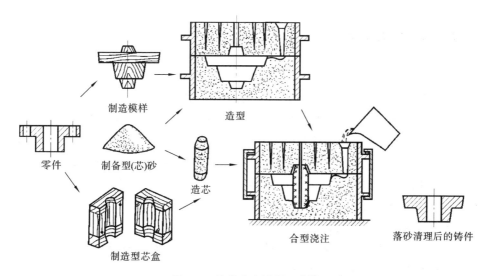

图 1-2　铸件生产过程示意图

1.5.1　铸型的组成

铸型是根据零件形状用造型材料制成的,铸型可以是砂型,也可以是金属型。

砂型是由型砂(型芯砂)等造型材料制成的。它一般由上型、下型、型芯、型腔和浇注系统等组成,如图1-3所示。铸型之间的接合面称为分型面。铸型中造型材料所包围的空腔部分,即形成铸件本体的空腔称为型腔。液态金属通过浇注系统流入并充填型腔,产生的气体从出气孔、砂芯等处排出。

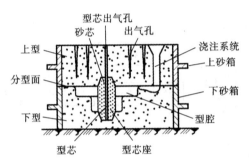

图1-3　铸型装配图

1.5.2　浇冒口系统

1. 浇注系统

浇注系统是为金属液流入型腔而开设于铸型中的一系列通道。其作用是:保证平稳、迅速地注入金属液;阻止熔渣、砂粒等进入型腔;调节铸件各部分温度;补充金属液在冷却和凝固时的体积收缩。

正确地设置浇注系统,对保证铸件质量、降低金属的消耗具有重要的意义。若浇注系统开设得不合理,铸件易产生冲砂、砂眼、渣孔、浇不到、气孔和缩孔等缺陷。典型的浇注系统由外浇口、直浇道、横浇道和内浇道四部分组成,如图1-4所示。对形状简单的小铸件可以省略横浇道。

（1）外浇口:其作用是容纳注入的金属液并缓解液态金属对砂型的冲击。小型铸件的外浇口通常为漏斗状(称浇口杯),较大型铸件的外浇口为盆状(称浇口盆)。

（2）直浇道:连接外浇口与横浇道的垂直通道。改变直浇道的高度可以改变

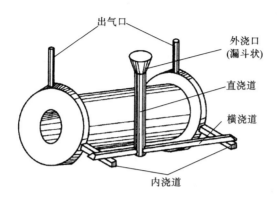

图 1-4　典型浇注系统

金属液的静压力大小和金属液的流动速度,从而改变液态金属的充型能力。如果直浇道的高度太高或直径太小,铸件会出现浇不足的现象。为便于取出直浇道棒,直浇道一般做成上大下小的圆锥形。

（3）横浇道:将直浇道的金属液引入内浇道的水平通道。横浇道一般开设在砂型的分型面上,其截面形状一般是高梯形,并位于内浇道的上面。横浇道的主要作用是分配金属液进入内浇道和挡渣。

（4）内浇道:直接与型腔相连的通道,能够调节金属液流入型腔的方向和速度,调节铸件各部分的冷却速度。内浇道的截面形状一般是扁梯形或月牙形,也可为三角形。

2. 冒口

常见的缩孔、缩松等缺陷是由于铸件冷却凝固时的体积收缩而产生的。为防止缩孔和缩松,往往在铸件的顶部或厚大部位以及最后凝固的部位设置冒口。冒口中的金属液可不断地补充铸件的收缩量,从而使铸件避免出现缩孔、缩松等缺陷。常用的冒口分为明冒口和暗冒口。冒口的上口露在铸型外的称为明冒口,明冒口的优点是有利于型内气体的排出,便于从冒口中补加热金属液,缺点是消耗金属液多。位于铸型内的冒口称为暗冒口,浇注时看不到金属液冒出,其优点是散热面积小,补缩效率高,利于减少金属液消耗。浇注后冒口部分是铸件的多余部分,需要切除掉。冒口除了有补缩作用外,还有排气和集渣的作用。

1.5.3　型砂和芯砂的制备

砂型铸造用的造型材料主要是用于制造砂型的型砂和用于制造砂芯的芯砂。

通常型砂由耐火度较高的原砂(山砂或河砂)、黏土和水按一定比例混合而成,其中黏土约为9%,水约为6%,其余为原砂。有时还加入少量如煤粉、植物油、木屑等附加物以提高型砂和芯砂的性能。型砂的各种原材料在混砂机(如图1-5所示)中均匀混合制成黏土砂。紧实后的型砂结构如图1-6所示。

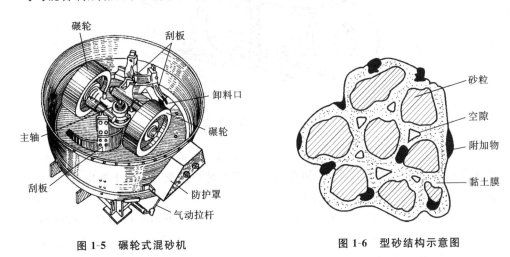

图 1-5　碾轮式混砂机　　　　　　图 1-6　型砂结构示意图

芯砂由于需求量少,一般用手工配制。有些要求高的小型铸件往往采用油砂芯(桐油＋砂子,经烘烤至黄褐色而成)制造;大中型铸件的芯砂已普遍采用树脂砂制造。

型砂的质量直接影响铸件的质量,型砂质量差会使铸件产生气孔、砂眼、黏砂、夹砂等缺陷。

良好的型砂应具备下列性能。

① 透气性:型砂能让气体透过的能力。高温金属液浇入铸型后,型内充满大量气体,这些气体必须从铸型内顺利排出,否则将使铸件产生气孔、浇不足等缺陷。铸型的透气性受砂的粒度、黏土含量、水分含量及砂型紧实度等因素的影响。砂的粒度越细,黏土及水分含量越高,砂型紧实度越高,透气性则越差。

② 强度:型砂抵抗外力破坏的能力。型砂必须具备足够高的强度才能在造型、搬运、合箱过程中不引起塌陷,浇注时也不会因金属液的冲击而破坏铸型表面。型砂的强度也不宜过高,否则会因透气性、退让性的下降使铸件产生缺陷。

③ 耐火性:型砂抵抗高温热作用的能力。耐火性差易使铸件产生黏砂缺陷。型砂中 SiO_2 含量越多,型砂颗粒度越大,耐火性越好。

④ 可塑性：型砂在外力作用下变形，去除外力后能完整地保持已有形状的能力。可塑性好，造型操作方便，制成的砂型形状准确、轮廓清晰。

⑤ 退让性：在铸件冷凝时，型砂可被压缩的能力。退让性不好，铸件易产生内应力或开裂。型砂越紧实，退让性越差。在型砂中加入木屑等材料可以提高退让性。

型芯所处的环境恶劣，所以芯砂性能要求比型砂的高，同时芯砂的黏结剂用量（黏土、树脂、油类等）比型砂的黏结剂用量要大一些，所以其透气性不及型砂，制芯时要做出透气道(孔)；为改善型芯的退让性，要加入木屑等附加物。

在单件小批生产的铸造车间里，常用手捏法来粗略判断型砂的某些性能，如用手抓起一把型砂，紧捏时感到柔软容易变形，放开后砂团不松散、不粘手，并且手印清晰；把它折断时，断面平整均匀并没有碎裂现象，同时感到具有一定强度，就认为型砂具有了合格的性能要求，如图1-7所示。对大批量生产的铸造用型砂、芯砂必须通过相应仪器检测其性能。

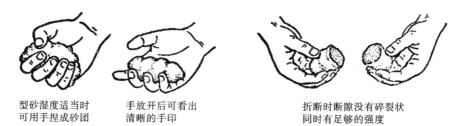

型砂湿度适当时　　手放开后可看出　　　折断时断隙没有碎裂状
可用手捏成砂团　　清晰的手印　　　　同时有足够的强度

图1-7　手捏法检验型砂

1.5.4　模样和芯盒的制造

模样是铸造加工中必要的工艺装备。对具有内腔的铸件，铸造时内腔由砂芯形成，因此还要制备造砂芯用的芯盒。制造模样和芯盒常用的材料有木材、金属和塑料。在单件小批生产时广泛采用木质模样和芯盒，在大批生产时多采用金属或塑料模样和芯盒。

为了保证铸件质量，在设计、制造模样和芯盒时，必须先设计出铸造工艺图，然后根据工艺图的形状和大小，制造模样和芯盒。在设计工艺图时，要考虑下列问题。

① 分型面的选择　　分型面是上、下砂型的分界面，选择分型面时必须使模样

能从砂型中取出,并使造型方便和有利于保证铸件质量,一般分型面选择在模样的最大截面处。

② 拔模斜度　为了易于从砂型中取出模样,凡垂直于分型面的表面,都需做出 0.5°～4°的拔模斜度。

③ 加工余量　铸件需要加工的表面,均需留出适当的加工余量。

④ 收缩量　铸件冷却时会收缩,模样的尺寸应考虑铸件收缩的影响。通常用于铸铁件时需加大 1%,用于铸钢件时需加大 1.5%～2%,用于铝合金件时需加大 1%～1.5%。

⑤ 铸造圆角　铸件上各表面的转折处,都要做过渡性圆角,以利于造型及保证铸件质量。

⑥ 芯头　有砂芯的砂型,必须在模样上做出相应的芯头,以支撑和固定型芯。

图 1-8 是压盖零件的铸造工艺图及相应的模样图。从图中可看出模样的形状和零件图是不完全相同的。

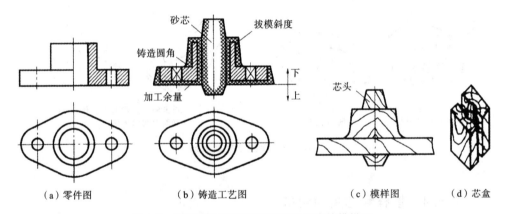

（a）零件图　　　　（b）铸造工艺图　　　　（c）模样图　　　（d）芯盒

图 1-8　压盖零件的铸造工艺图及相应的模样图

1.5.5　造型

用型砂及模样等工艺装备制造铸型的过程称为造型。造型方法可分为手工造型和机器造型两大类。

手工造型是全部用手工或手动工具紧实型砂的造型方法,其操作灵活,无论铸件结构复杂程度、尺寸大小如何,都能适应。因此在单件小批生产中,特别是不能用机器造型的重型复杂铸件,常采用手工造型。但手工造型生产率低,铸件表面质量差,要求工人技术水平高,劳动强度大。随着现代化生产的发展,机器造型已代替了大部分的手工造型。机器造型不但生产率高,而且质量稳定,是目前成批大量生产铸件的主要方法。

造型方法很多,但每种造型方法大都包括春砂、起模、修型、合型等工序。

1. 造型模样

模样是铸造加工中必要的工艺装备。用木材、金属或其他材料制成的铸件原形统称为模样,它是用来形成铸型的型腔。用木材制作的模样称为木模,用金属或塑料制成的模样称为金属模或塑料模。目前大多数工厂使用的是木模。模样的外形与铸件的外形相似,不同的是铸件上或有孔穴,模样不仅实心无孔,而且要在相应位置制作出芯头。

2. 造型前的准备工作

(1) 准备造型工具,选择平整的底板和大小适应的砂箱。砂箱选择过大,不仅消耗过多的型砂,而且浪费春砂工时。砂箱选择过小,则模样周围的型砂春不紧,在浇注的时候金属液容易从分型面的交界面间流出。通常,模样与砂箱内壁及顶部之间须留有 30~100 mm 的距离,此距离称为吃砂量。吃砂量的具体数值视模样大小而定。使用如图 1-9 所示的造型工具可进行各种手工造型。

造型工具介绍

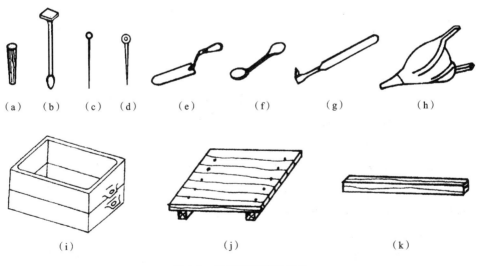

(a)　(b)　(c)　(d)　(e)　(f)　(g)　(h)

(i)　(j)　(k)

图 1-9　常用手工造型工具

（2）擦净模样，以免造型时型砂粘在模样上，造成起模时损坏型腔。

（3）安放模样时，应注意模样上的斜度方向，不要弄错斜度方向。

3．春砂

（1）春砂时必须分次加入型砂。对小砂箱每次加砂的厚度为 50～70 mm。加砂过多春不紧，加砂过少又浪费工时。第一次加砂时须用手将模样周围的型砂按紧，以免模样在砂箱内移动。然后用春砂锤的尖头部位分次春紧，最后改用春砂锤的平头春紧型砂的最上层。

（2）春砂应按一定的路线进行。切不可东一下、西一下乱春，以免各部分松紧不一。

（3）春砂用力大小应该适当，不要过大或过小。用力过大，砂型太紧，浇注时型腔内的气体跑不出来。用力过小，砂型太松易塌箱。同一砂型各部分的松紧是不同的，靠近砂箱内壁应春紧，以免塌箱。靠近型腔部分的砂型应稍紧些，以承受液体金属的压力。远离型腔的砂层应适当松些，以利于透气。

（4）春砂时应避免春砂锤撞击模样。一般春砂锤与模样相距 20～40 mm，否则易损坏模样。

4．撒分型砂

在造上砂型之前，应在分型面上撒一层细粒无黏土的干砂（即分型砂），以防止上、下砂箱粘在一起开不了箱。撒分型砂时，手应距砂箱稍高，一边转圈、一边摆动，使分型砂经指缝缓慢而均匀地散落下来，薄薄地覆盖在分型面上。最后应将模样上的分型砂吹掉，以免在造上砂型时，分型砂粘到上砂型表面，而在浇注时被液体金属冲落下来导致铸件产生缺陷。

5．扎通气孔

除了保证型砂有良好的透气性外，还要在已春紧和刮平的型砂上，用通气针扎出通气孔，以便浇注时气体的逸出。通气孔要垂直而且均匀分布。

6．开外浇口

外浇口应挖成 60°的锥形，大端直径为 60～80 mm（视铸件大小而定）。浇口面应修光，与直浇道连接处应修成圆弧过渡，以引导液体金属平稳流入砂型。若外浇口挖得太浅而成碟形，则浇注时液体金属会四处飞溅伤人。

7．做合箱线

若上、下砂箱没有定位销，则应在上、下砂箱打开之前，在砂箱壁上做出合箱线。最简单的方法是在箱壁上涂上粉笔灰，然后用划针画出细线。需进炉烘烤的砂箱,则用砂泥粘敷在砂箱壁上,用墁刀抹平后,再刻出线条,此过程称为打泥号。合箱线应位于砂箱壁上两直角边最远处,以保证 x 和 y 方向均能定位。两处合箱线的线数应不相等,以免合箱时弄错。做线完毕,即可开箱起模。

8. 起模

(1)起模前要用水笔蘸些水,刷在模样周围的型砂上,以防止起模时损坏砂型型腔。刷水时应一刷而过,不要将水笔停留在某一处,以免局部水分过多而在浇注时产生大量水蒸气,使铸件产生气孔缺陷。

(2)起模针位置要尽量与模样的重心铅垂线重合。起模前,要用小锤轻轻敲打起模针的下部,使模样松动,便于起模。

(3)起模时,慢慢将模样垂直提起,待模样即将全部起出时,然后快速取出。起模时注意不要偏斜和摆动模样。

9. 修型

起模后,型腔如有损坏,应根据型腔形状和损坏程度,正确使用各种修型工具进行修补。如果型腔损坏较大,可将模样重新放入型腔进行修补,然后再起出。

10. 合型

将上型、下型、型芯、浇口杯等组合成一个完整铸型的操作过程称为合型,又称合箱。合型是制造铸型的最后一道工序,直接关系到铸件的质量。即使铸型和型芯的质量很好,若合型操作不当,也会引起气孔、砂眼、错箱、偏芯、飞边和跑火等缺陷。

合型工作包括:

(1)铸型的检验和装配。检查型芯是否烘干,有无破损。下芯前,应先清除型腔、浇注系统和型芯表面的浮砂,并检查型腔形状、尺寸和排气道是否通畅。型砂在砂型中的位置应该准确稳固,避免浇注时被液体金属冲偏,在芯头与砂型芯座的间隙处填满泥条或干砂,防止浇注时金属液钻入芯头而堵死排气道,然后导通砂芯和砂型的排气道。最后,平稳、准确地合上上型,合箱时应注意使上砂箱保持水平下降,并应对准合箱线,防止错箱。合箱后最好用纸或木片盖住浇口,以免砂子或杂物落入浇口中。

(2)铸型的紧固。为避免由于金属液作用于上砂箱引发的抬箱力而造成的缺陷,装配好的铸型需要紧固。单件小批生产时,多使用压铁压箱,压铁质量一般为铸件质量的3～5倍。成批大量生产时,可使用压铁、卡子或螺栓紧固铸型。紧固铸型时应注意用力均匀、对称;先紧固铸型,再拔合型定位销;压铁应压在砂箱箱壁上。铸型紧固后即可浇注,待铸件冷凝后,开箱落砂清理便可获得铸件。

1.5.6　制芯

为获得铸件的内腔或局部外形,用芯砂或其他材料制成的、安放在型腔内部的铸型组元称型芯。绝大部分型芯是用芯砂制成的。型芯的质量主要依靠配制合格的芯砂及采用正确的造芯工艺来保证。

浇注时型芯受高温液体金属的冲击和包围,因此除要求型芯具有与铸件内腔相应的形状外,还应具有较好的透气性、耐火性、退让性、较高的强度等性能,故要选用杂质少的石英砂和用植物油、树脂、水玻璃等黏结剂来配制芯砂,并在型芯内放入金属芯骨和扎出通气孔以提高强度和透气性。

形状简单的大、中型型芯,可用黏土砂来制造。但对形状复杂和性能要求很高的型芯来说,必须采用特殊黏结剂来配制,如采用油砂、合脂砂和树脂砂等。

另外,型芯砂还应具有一些特殊的性能,如吸湿性要低(以防止合箱后型芯返潮),发气量要少(浇注金属后,型芯材料受热而产生的气体应尽量少),出砂性要好(以便于清理时取出型芯)。

制芯

型芯一般是用芯盒制成的,对开式芯盒制芯是常用的手工制芯方法,适用于圆形截面的较复杂型芯。其制芯过程见图1-10。

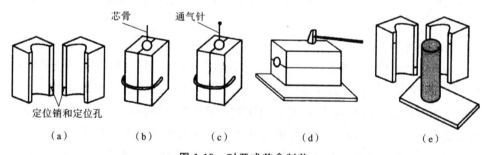

图 1-10　对开式芯盒制芯

1.5.7　金属的熔炼与浇注

金属熔炼的目的是获得符合要求的液态金属。不同类型的金属,需要采用不同的熔炼方法及设备。如铸铁的熔炼多采用冲天炉;钢的熔炼多用转炉、平炉、电弧炉、感应电炉等;而非铁金属如铝、铜合金等的熔炼,则用坩埚炉。

1.5.7.1　铸铁的熔炼

在铸造加工中,铸铁件质量占铸件总质量的 70%～75%,其中绝大多数采用灰铸铁。为获得高质量的铸铁件,首先要熔化出优质铁水。

1. 铸铁的熔炼要求

(1) 铁水温度要高;

(2) 铁水化学成分要稳定在所要求的范围内;

(3) 提高生产率,降低成本。

2. 铸欠缺的熔炼设备

(1) 冲天炉的构造。

冲天炉是铸铁熔炼的设备,如图 1-11 所示。炉身是用钢板弯成的圆筒形,内砌以耐火砖炉衬。炉身上部有加料口、烟囱、火花罩,中部有热风胆,下部有热风带,热风带通过风口与炉内相通。从鼓风机送来的空气,通过热风胆加热后经

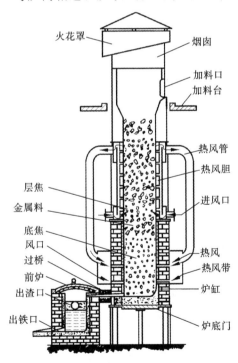

图 1-11　冲天炉的构造

热风带进入炉内,供燃烧用。风口以下为炉缸,熔化的铁水及炉渣从炉缸底部流入前炉。

冲天炉的大小用每小时能熔炼出铁水的质量来表示,常用的为 1.5~10 t/h。

（2）冲天炉炉料及其作用。

① 金属料：包括生铁、回炉铁、废钢和铁合金等。生铁是对铁矿石经高炉冶炼后的铁碳合金块,是生产铸铁件的主要材料；回炉铁如浇口、冒口和废铸件等,利用回炉铁可节约生铁用量,降低铸件成本；废钢是机加工车间的钢料头及钢切屑等,加入废钢可降低铁水中碳的含量,提高铸件的力学性能；铁合金如硅铁、锰铁、铬铁以及稀土合金等,用于调整铁水的化学成分。

② 燃料：冲天炉熔炼多用焦炭作燃料。通常焦炭的加入量一般为金属料质量的 1/12~1/8,这一数值称为焦铁比。

③ 熔剂：主要起稀释熔渣的作用。在炉料中加入石灰石（$CaCO_3$）和萤石（CaF_2）等矿石,可使熔渣与铁水容易分离,便于熔渣清除。熔剂的加入量为焦炭质量的 25%~30%。

（3）冲天炉的熔炼原理。

在冲天炉熔炼过程中,炉料从加料口加入,自上而下运动,被上升的高温炉气预热,温度升高；鼓风机鼓入炉内的空气使底焦燃烧,产生大量的热。当炉料下落到底焦顶面时,开始熔化。铁水在下落过程中被高温炉气和灼热焦炭进一步加热（过热）,过热的铁水温度可达 1600 ℃左右,然后经过过桥流入前炉。此后铁水温度稍有下降,最后出铁温度为 1380~1430 ℃。

冲天炉内铸铁熔炼的过程并不是金属炉料简单重熔的过程,而是包含一系列物理、化学变化的复杂过程。熔炼后的铁水成分与金属炉料相比较,含碳量有所增加；硅、锰等合金元素含量因烧损会降低；硫含量升高,这是焦炭中的硫进入铁水中所引起的。

1.5.7.2 铝合金的熔炼

铸铝是工业生产中应用最广泛的铸造非铁合金之一。由于铝合金的熔点低,熔炼时极易氧化、吸气,合金中的低沸点元素（如镁、锌等）极易蒸发烧损,故铝合金的熔炼应在与燃料和燃气隔离的状态下进行。

1. 铝合金的熔炼设备

铝合金一般在坩埚炉内进行熔炼。根据所用热源不同,坩埚炉有焦炭坩埚炉、电阻坩埚炉等不同形式,如图 1-12 所示。

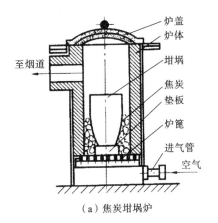
（a）焦炭坩埚炉

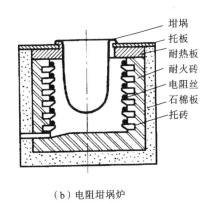
（b）电阻坩埚炉

图 1-12　铝合金熔炼设备

常用的坩埚有石墨坩埚和铁质坩埚两种。石墨坩埚用耐火材料和石墨混合并成形后经烧制而成。铁质坩埚由铸铁或铸钢铸造而成,可用于铝合金等低熔点合金的熔炼。

熔炼与浇注

2. 铝合金的熔炼与浇注

铝合金的熔炼过程如图 1-13 所示。

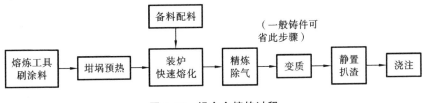

图 1-13　铝合金熔炼过程

（1）根据牌号要求进行配料计算和备料:所有炉料均要烘干后再投入坩埚内,尤其是在湿度大的季节,以免铝液含气量大,即使通过除气工序也很难除净。

（2）空坩埚预热:预热空坩埚到暗红后再投入金属料并加入烘干后的覆盖剂,快速升温熔化。注意,在铝合金熔炼中所使用的所有工具都应预热干燥,以防潮湿工具与铝液接触时发生爆炸。

（3）精炼:常使用六氯乙烷(C_2Cl_6)或同类精炼剂精炼。用钟罩(形状如反转的漏勺)压入炉料总质量 0.2%~0.3% 的六氯乙烷(最好压成块状),钟罩压入深

度为距坩埚底部 $100\sim150$ mm,并做水平缓慢移动。C_2Cl_6 和铝液发生反应形成的大量气泡可将铝液中的 H_2 及 Al_2O_3 夹杂物带到液面,使合金得到净化。除气精炼后立刻除去熔渣,静置 $5\sim10$ min。

(4) 变质:对于要求提高力学性能的铸件,还应在精炼后,在 $730\sim750$ ℃时,用钟罩压入炉料总质量 $1\%\sim2\%$ 的变质剂。常用变质剂配方为 35% 质量分数的 $NaCl+65\%$ 质量分数的 NaF。

(5) 浇注:对于一般要求的铸件,在检查其含气量后就可浇注。浇注时视铸件厚薄和铝液温度高低,分别控制不同的浇注速度。

1.5.7.3 合金的浇注

把液体合金浇入铸型的过程称为浇注。浇注是铸造加工中的一个重要环节。浇注工艺是否合理,不仅影响铸件质量,还涉及工人的安全。

1. 浇注工具

浇注常用工具有浇包(见图 1-14)、挡渣钩等。浇注前应根据铸件大小和批量选择合适的浇包,并对浇包和挡渣钩等工具进行烘干,以免降低金属液温度及引起金属液飞溅。

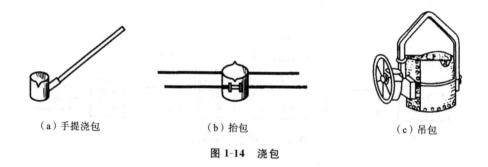

（a）手提浇包　　　　　　　（b）抬包　　　　　　　　（c）吊包

图 1-14　浇包

2. 浇注工艺

(1) 浇注温度。

若浇注温度过高,则金属液在铸型中收缩量增大,易产生缩孔、裂纹及黏砂等缺陷;若温度过低,则金属液流动性差,又容易出现浇不足、冷隔和气孔等缺陷。合适的浇注温度应根据合金种类和铸件的大小、形状及壁厚来确定。对形状复杂的薄壁灰铸铁件,浇注温度为 1400 ℃左右;对形状较简单的厚壁灰铸铁件,浇注温度为 1300 ℃左右;而铝合金的浇注温度一般为 700 ℃左右。

（2）浇注速度。

若浇注速度太慢,则铁液冷却快,易产生浇不足、冷隔以及夹渣等缺陷;若浇注速度太快,则会使铸型中的气体来不及排出而产生气孔,同时易造成冲砂、抬箱和跑火等缺陷。铝合金液浇注时勿断流,以防止铝液氧化。

（3）浇注操作。

浇注前应估算好每个铸型需要的金属液量,安排好浇注路线,浇注时应注意挡渣。浇注过程中应保持外浇口始终充满金属液,这样可防止熔渣和气体进入铸型。

浇注结束后,应将浇包中剩余的金属液倾倒至指定地点。

（4）浇注时的注意事项。

① 浇注是高温操作,必须注意安全,必须穿着工作服和工作皮鞋;

② 浇注前,必须清理浇注时行走的通道,预防意外跌撞;

③ 必须烘干、烘透浇包,检查砂型是否紧固;

④ 浇包中金属液不能盛装太满,吊包液面应低于包口 100 mm 左右,抬包和端包液面应低于包口 60 mm 左右。

1.5.7.4　铸件的落砂及清理

1. 落砂

将铸件从砂型中取出来的过程称为落砂。落砂前要掌握好开箱时间。开箱过早会造成铸件表面硬而脆,使机械加工困难;开箱太晚则会增加场地的占用时间,影响生产效率。一般在浇注后 1 h 左右开始落砂。

落砂的方法有手工和机械两种。在小批生产中,一般采用手工落砂;在大批生产中则多采用振动落砂机落砂,如图 1-15 所示。

2. 清理

（1）去除浇冒口:铸铁浇冒口可用铁锤敲掉;铸钢浇冒口则要用气割割掉;非铁金属浇冒口用锯子锯掉。

（2）清除型芯:铸件内部的型芯及芯骨多用手工清除。对于批量生产,也可用振动出芯机或水力清砂装置清除型芯。

（3）清理表面黏砂:铸件表面往往会黏结一层被烧结的砂子,这些砂子需要清除。轻者可用钢丝刷刷掉,重者则需用錾子、风铲等工具清除。批量较大时,大、中型铸件可以在抛丸室内进行清理（这里不予介绍）,小型铸件可用抛丸清理滚筒进行清理,如图 1-16 所示。

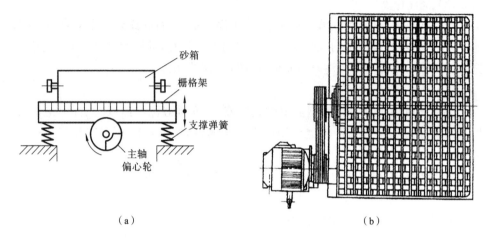

图 1-15　振动落砂机

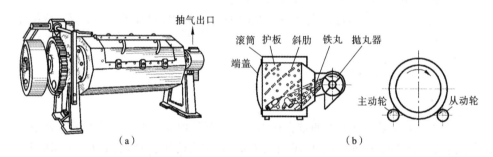

图 1-16　抛丸清理滚筒

（4）去除毛刺和披缝：用錾子、风铲、砂轮等工具去除铸件上的毛刺和飞边，并进行打磨，尽量使铸件轮廓清晰、表面光洁。

1.5.8　铸件常见缺陷的分析

在实际生产中，常需对铸件缺陷进行分析，其目的是找出产生缺陷的原因，以便采取措施加以防止。铸件的缺陷种类很多，常见的铸件缺陷名称、特征及其产生的主要原因和防止措施见表 1-1。铸件缺陷及其产生的原因是很复杂的，有时在同一个铸件上可见到多种不同原因引起的缺陷，或出现同一原因在生产条件不同时引起的多种缺陷。

表 1-1 常见的铸件缺陷名称、特征及其产生的主要原因和防止措施

缺陷名称	缺陷特征	产生的主要原因	防止措施
气孔	在铸件内部或表面有大小不等的光滑孔洞	1. 型砂含水过多,透气性差; 2. 起模和修型时刷水过多; 3. 砂芯烘干不良或砂芯通气孔堵塞; 4. 浇注温度过低或浇注速度太快等	1. 控制型砂水分,提高透气性; 2. 造型时应注意不要春砂过紧; 3. 扎出气孔,设置出气冒口; 4. 适当提高浇注温度
缩孔	缩孔多分布在铸件厚断面处,形状不规则,孔内粗糙	1. 铸件结构不合理,如壁厚相差过大,造成局部金属积聚; 2. 浇注系统和冒口的位置不对,或冒口过小; 3. 浇注温度太高,或金属化学成分不合格,收缩过大	1. 合理设计铸件结构,使壁厚尽量均匀; 2. 合理设计、布置冒口,提高冒口的补缩能力; 3. 适当降低浇注温度,采用合理的浇注速度
砂眼	在铸件内部或表面有充塞砂粒的孔眼	1. 型砂和芯砂的强度不够; 2. 砂型和砂芯的紧实度不够; 3. 合箱时铸型局部损坏; 4. 浇注系统不合理,冲坏了铸型	1. 提高造型材料的强度; 2. 适当提高砂型的紧实度; 3. 合理开设浇注系统
黏砂	铸件表面粗糙,粘有砂粒	1. 型砂和芯砂的耐火性不够; 2. 浇注温度太高; 3. 未刷涂料或涂料太薄	1. 选择杂质含量低、耐火度良好的原砂; 2. 尽量选择较低的浇注温度; 3. 在铸型型腔表面刷耐火涂料

续表

缺陷名称	缺陷特征	产生的主要原因	防止措施
错箱	 铸件在分型面有错移	1. 模样的上半模和下半模未对好; 2. 合箱时,上、下砂箱未对准	查明原因,认真操作
裂纹	 铸件开裂,开裂处金属表面氧化	1. 铸件的结构不合理,壁厚相差太大; 2. 砂型和砂芯的退让性差; 3. 落砂过早	1. 合理设计铸件结构,减小集中应力; 2. 提高铸型与型芯的退让性; 3. 控制砂型的紧实度
冷隔	 铸件上有未完全融合的缝隙或洼坑,其交接处是圆滑的	1. 浇注温度太低; 2. 浇注速度太慢或浇注过程有中断; 3. 浇注系统位置开设不当或浇道太小	1. 根据铸件结构的特点,正确设计浇注系统与冷铁; 2. 适当提高浇注温度
浇不足	 铸件外形不完整	1. 浇注时金属液不够; 2. 浇注时金属液从分型面流出; 3. 铸件太薄; 4. 浇注温度太低; 5. 浇注速度太慢	1. 根据铸件结构的特点,正确设计浇注系统与冷铁; 2. 适当提高浇注温度

1.6 实践案例

本实践以学生设计打印的小熊模型(见图 1-17)为案例。该零件外形的最大截面是外轮廓平面。

图 1-17 3D 打印小熊模型

实践操作的一般顺序：

1. 造型准备

清理工作场地，备好型砂、模样、所需的工具和砂箱。

2. 安放造型底板、模样和砂箱

如图 1-18 所示，将模样的大断面朝下，放置在底板上。

图 1-18 安放造型底板、模样和砂箱

3. 填砂和紧实

填砂时必须将型砂分次加入。先在模样表面利用筛网撒上一层面砂，将模样盖住，然后加入一层背砂并进行紧实，如图 1-19、图 1-20 所示。

图 1-19　用筛网撒面砂

图 1-20　加入背砂并紧实

4. 翻型

用刮板刮去多余型砂,使砂箱表面和砂箱边缘平齐。将已造好的下砂箱翻转 180°后,用刮刀将模样四周的砂型表面(分型面)压平,撒上一层分型砂,如图 1-21、图 1-22 所示。

图 1-21　用刮板刮平砂箱表面

图 1-22　翻转并撒分型砂

5. 放置上砂箱、浇口模样并填砂紧实

操作如图 1-23、图 1-24 所示。

6. 修整上砂型型面,开箱,修整分型面

用刮板刮去多余的型砂,用刮刀修光浇冒口处的型砂。取出浇口棒并在直浇口上部挖一个漏斗状的口作为外浇口,用通气孔针扎出通气孔。没有定位销的砂箱可用粉笔做上记号,以防合箱时偏箱。操作如图 1-25 至图 1-29 所示。

图 1-23　放置上砂箱和浇口

图 1-24　填砂并紧实

图 1-25　用刮板刮平砂箱表面

图 1-26　取浇口棒

图 1-27　做外浇口

图 1-28　扎通气孔

7. 开箱起模

将上型翻转 180°放在底板上。扫除分型砂,用水笔蘸些水,刷在模样周围的型砂上,以增加这部分型砂的强度,防止起模时损坏砂型。刷水时不要将水笔停留在某一处,以免浇注时因水多而产生大量水蒸气,使铸件产生气孔。起模针位置尽

图 1-29　做记号

量与模样的重心铅垂线重合,先轻轻敲打起模针松动模样,再起模,如图 1-30、图 1-31 所示。

图 1-30　松模样

图 1-31　起模后的砂型

8. 开设内浇道(口)

内浇道(口)是将浇注的金属液引入型腔的通道。内浇道(口)开设好坏,将影响铸件的质量。操作如图 1-32、图 1-33 所示。

9. 合箱紧固

合箱时,砂箱应保持水平下降,并且应对准合箱线,防止错箱。浇注时,如果金属液浮力将上箱顶起,则会造成跑火,因此要进行上下型箱紧固。操作如图 1-34、图 1-35 所示。

10. 铸件浇注

用手提浇包将液态合金沿着外浇口进行浇注,待金属液冷却后开箱取件,并进行清理。操作如图 1-36、图 1-37、图 1-38 所示。

图 1-32　开内浇口

图 1-33　开内浇口后的砂型

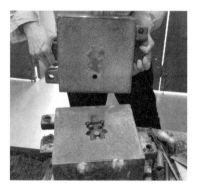

图 1-34　合箱

图 1-35　对准合箱线

图 1-36　浇注

图 1-37　开箱

图 1-38 未去除浇道的小熊铸件

习　　题

1. 什么是铸造？铸造加工有何特点？

2. 铸造系统的组成及各部分的功能是什么？

3. 试解释下列名词术语：型砂、芯砂、造型、铸型、砂型、模样、铸件、型芯、芯头、铸造工艺图。

4. 浇注温度过高或过低，会造成什么后果？浇注速度的快慢，对铸件有何影响？

第2章 手工砂型铸造

2.1 实践目的

（1）了解手工造型方法的分类及其特点和应用范围；

（2）掌握手工两箱造型的各种操作技能，能独立按照实训要求完成造型、造芯、合型等操作。

2.2 安全操作规程

（1）实训时要穿好工作服，浇注前要穿戴好防护用品。

（2）造型时，不要用嘴吹分型砂，以免砂粒飞入眼内；紧砂时不得将手放在砂箱上。

（3）搬动砂箱时要注意轻放，不要压伤手脚，不得将造型工具乱扔、乱放，或者用工具敲击砂箱及其他物件，不得用砂互相打闹。

（4）在造型场内行走时要注意脚下，以免踩坏砂型或被铸件、砂箱等碰、砸伤。

（5）浇注用具要烘干，浇包不能装满金属液；抬包时，人在前、包在后，不准和抬金属液包的人说话或并排行走。

（6）非工作人员不要在炉前、浇注场地和行车下停留和行走。

（7）在熔炉间及造型场地内观察熔炼与浇注时，应站在一定距离外的安全位置，不要站在浇注时往返的通道上。如遇火星或金属液飞溅，应保持镇静，不要乱跑,防止碰坏砂型或发生其他事故。

(8) 不准将冷金属或冷金属工具放入金属液中,以免引起金属液爆溅伤人。

(9) 对刚浇注的铸件,未经许可不得触动,以免损坏铸件或烫伤人。

(10) 清理铸件时,要待温度冷却到常温,要注意周围环境,不要对着人打浇口或凿毛刺,以免伤人。

2.3 手工造型方法

手工造型的方法很多,按砂箱特征分有两箱造型、三箱造型、地坑造型等,按模样特征分有整模造型、分模造型、挖砂造型、假箱造型、活块造型和刮板造型等,可根据铸件的形状、大小和生产批量加以选择。

2.3.1 两箱整模造型

两箱整模造型的特点是:模样是整体结构,最大截面在模样一端为平面;分型面多为平面;操作简单。造型时模样轮廓全部放在一个砂箱内(一般为下砂箱),整个模样能从分型面方便地取出。整模造型不受上下箱错位影响,可避免错型,所得铸型型腔的形状和尺寸精度好,适用于形状简单的铸件,如盘、轴承、盖类。盘类两箱整模造型过程如图 2-1 所示。

(1) 安放模样　将模样放在底板上,放好下砂箱,并使模样位于砂箱的合适位置,使模样周围能够有足够的砂层厚度。

(2) 舂砂　在模样的表面撒上一层厚度约为 2 mm 的面砂,将模样盖住,再往下砂箱填砂。逐层加砂,用舂砂锤的圆头舂砂,从砂箱的四周朝中间移动,再用平的一头舂平,除去多余型砂。

填砂

(3) 撒分型砂　翻转下型砂型,在下型分型面上撒分型砂,放上上砂箱,放浇口棒。在浇口棒周围填砂,用手压紧。再填放型砂,用舂砂锤圆头舂紧,用平头刮平。

(4) 开外浇口　取出浇口棒,开设外浇口。

(5) 扎通气孔、做合型线　用气孔针在模样上方扎通气孔,在上、下砂箱侧面

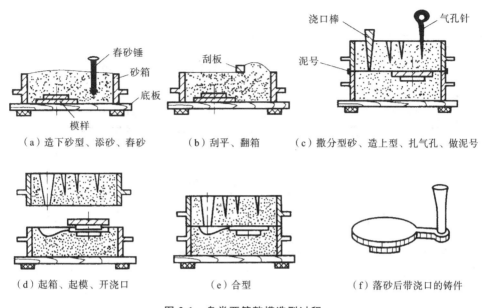

（a）造下砂型、添砂、春砂　　　（b）刮平、翻箱　　　（c）撒分型砂、造上型、扎气孔、做泥号

（d）起箱、起模、开浇口　　　（e）合型　　　（f）落砂后带浇口的铸件

图 2-1　盘类两箱整模造型过程

划定位线。

（6）开内浇口　打开上砂箱，将模样及浇口四周的砂面修平整后开设内浇口。

（7）起模　把模样四周轻轻敲松动后，用起模针起模，并修正型腔。

（8）合型　对准合型线，防止错型。

2.3.2　两箱分模造型

两箱分模造型的特点是：模样是分开的，模样的分开面（称为分模面）必须是模样的最大截面，以利于起模；分型面与分模面相重合。分模造型过程与整模造型过程基本相似，不同的是造上型时增加放上模样和取上模样两个操作。两箱分模造型主要应用于某些没有平整表面，最大截面在模样中部的铸件，如套筒、圆管和阀体等以及形状复杂的铸件。套筒两箱分模造型过程如图 2-2 所示。

分模造型

31

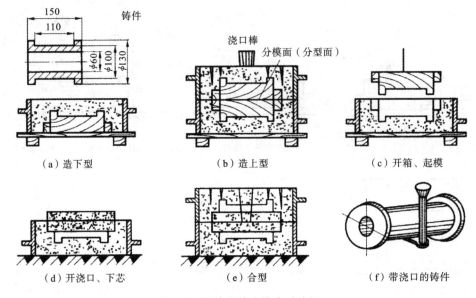

（a）造下型	（b）造上型	（c）开箱、起模
（d）开浇口、下芯	（e）合型	（f）带浇口的铸件

图 2-2　套筒两箱分模造型过程

2.3.3　活块造型

模样上可拆卸或能活动的部分叫活块。当模样上有妨碍起模的侧面伸出部分（如小凸台）时，常将该部分做成活块。起模时，先将模样主体取出，再将留在铸型内的活块单独取出，这种方法称为活块造型。用钉子连接的活块造型如图 2-3 所示，应注意先将活块四周的型砂塞紧，然后拔出钉子。活块造型的操作难度较大，生产率低，仅适用于单件生产。

2.3.4　挖砂造型和假箱造型

有些铸件如手轮、法兰盘等，最大截面不在端部，而模样又不能分开时，只能做成整模放在一个砂型内。为了起模，需在造好下砂型翻转后，挖掉妨碍起模的型砂至模样最大截面处，其下型分型面被挖成曲面或有高低变化的阶梯形状（称不平分型面），这种方法称为挖砂造型。手轮的挖砂造型如图 2-4 所示。

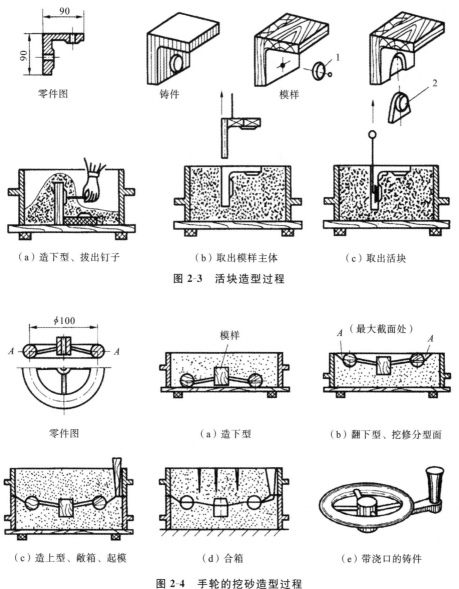

（a）造下型、拔出钉子　　　（b）取出模样主体　　　（c）取出活块

图 2-3　活块造型过程

零件图　　　（a）造下型　　　（b）翻下型、挖修分型面

（c）造上型、敞箱、起模　　　（d）合箱　　　（e）带浇口的铸件

图 2-4　手轮的挖砂造型过程

　　挖砂造型操作麻烦，生产率低，只适用于单件生产。当成批生产时，为免去挖砂工作，采用假箱造型。图 2-5 所示为假箱造型过程，图 2-6 所示为用成型底板来代替挖砂造型，这可大大提高生产率，还可以提高铸件质量。由于只借助假箱造下型，它不用来组成铸型和参与浇注，因此得名。

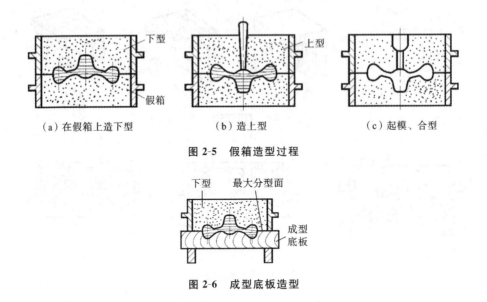

（a）在假箱上造下型　　　　（b）造上型　　　　（c）起模、合型

图 2-5　假箱造型过程

图 2-6　成型底板造型

2.3.5　三箱分模造型

用三个砂箱和分模制造铸型的过程称为三箱分模造型。前述各种造型方法都是使用两个砂箱,操作简便,应用广泛。但有些铸件如两端截面尺寸大于中间截面时,需要用上、中、下三个砂箱,并沿模样上的两个最大截面分型,即有两个分型面,同时还须将模样沿最大截面处分模,以便使模样从中箱的上、下两端取出。带轮的三箱分模造型过程如图 2-7 所示。

三箱分模造型的操作程序复杂,必须有与模样高度相适应的中箱,因此难以应用于机器造型。当生产量大时,可采用外型芯(如环形型芯),将三箱分模造型改为两箱整模造型,如图 2-8 所示。

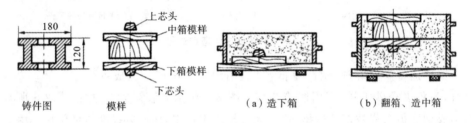

铸件图　　　　模样　　　　（a）造下箱　　　　（b）翻箱、造中箱

图 2-7　带轮的三箱分模造型过程

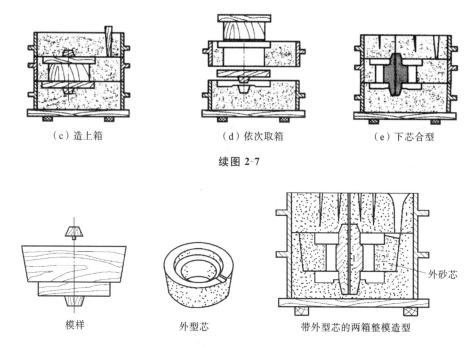

（c）造上箱　　　　　（d）依次取箱　　　　　（e）下芯合型

续图 2-7

模样　　　　　　　外型芯　　　　带外型芯的两箱整模造型

图 2-8　采用外型芯的两箱整模造型

2.3.6　刮板造型

　　用与铸件截面形状相适应的特制木质刮板代替模样进行造型的方法称为刮板造型。尺寸大于 500 mm 的旋转体铸件，如带轮、飞轮、大齿轮等单件生产时，为节省木材、模样加工时间及费用，可以采用刮板造型。刮板是一块和铸件截面形状相适应的木板。造型时将刮板绕着固定的中心轴旋转，在砂型中刮制出所需的型腔，如图 2-9 所示。

2.3.7　地坑造型

　　直接在铸造车间的砂地上或砂坑内造型的方法称为地坑造型。大型铸件单件生产时，为节省砂箱，降低铸型高度，便于浇注操作，多采用地坑造型（见图 2-10），造型时需考虑浇注时能顺利将地坑中的气体引出地面，常以焦炭、炉渣等透气物料垫底，并用铁管引出气体。

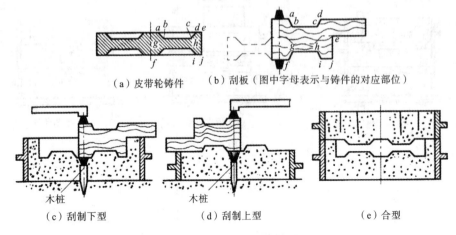

（a）皮带轮铸件　　　　（b）刮板（图中字母表示与铸件的对应部位）

（c）刮制下型　　　　（d）刮制上型　　　　（e）合型

图 2-9　皮带轮铸件的刮板造型过程

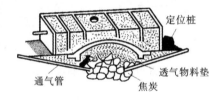

图 2-10　地坑造型结构

2.4　实　践　案　例

　　本实践以手轮零件（见图 2-11）为案例。该零件的分型面是一个曲面，起模时覆盖在模样上面的型砂将阻碍模样的起出，必须将覆盖其上的砂挖去，才能正常起模。

　　实践操作的一般顺序：

　　1. 造型准备

　　清理工作场地，备好型砂、模样、芯盒、所需的工具和砂箱。

　　2. 安放造型底板、模样和砂箱

　　操作如图 2-12 所示。

图 2-11　手轮模样

图 2-12　安放造型底板、模样和砂箱

3．填砂和紧实

填砂时必须将型砂分次加入。先在模样表面撒上一层面砂，将模样盖住，然后加入一层背砂，如图 2-13 所示。

图 2-13　填砂和紧实

4. 翻型

用刮板刮去多余型砂,使砂箱表面和砂箱边缘平齐。如果是上砂型,在砂型上用气孔针扎出通气孔。将已造好的下砂箱翻转 180°后,用刮刀将模样四周的砂型表面(分型面)压平,撒上一层分型砂,如图 2-14 至图 2-16 所示。

图 2-14　用刮板刮平砂箱表面

图 2-15　将已造好的下砂箱翻转 180°

图 2-16　撒上分型砂

5. 放置上砂箱、浇冒口模样并填砂紧实

操作如图 2-17、图 2-18 所示。

6. 修整上砂型型面,开箱,修整分型面

用刮板刮去多余的型砂,用刮刀修光浇冒口处的型砂。用气孔针扎出通气孔,取出浇口棒并在直浇口上部挖一个漏斗状的口作为外浇口。没有定位销的砂箱要用泥打上泥号,以防合箱时偏箱,泥号应位于砂箱壁上两直角边最远处,以保证 x、y 方向均能准确定位。将上型翻转 180°放在底板上。扫除分型砂,用水笔蘸些水,

图 2-17　放置浇冒口模样

图 2-18　填砂和紧实

刷在模样周围的型砂上，以增加这部分型砂的强度，防止起模时损坏砂型。操作如图 2-19 至图 2-22 所示。

图 2-19　用刮板刮去多余的型砂　　　　图 2-20　挖一个漏斗形作为外浇口

图 2-21　将上型翻转

图 2-22　扫除分型砂

7. 开设内浇道（口）

内浇道（口）是将浇注的金属液引入型腔的通道。内浇道（口）开得好坏，将影响铸件的质量。操作如图 2-23 所示。

8. 起模

起模针位置尽量与模样的重心铅垂线重合，如图 2-24 所示。

图 2-23　开设内浇道（口）

图 2-24　起模

9. 修型

起模后，型腔如有损坏，可使用各种修型工具将型腔修好，如图 2-25 所示。

10. 合箱紧固

合箱时，砂箱应保持水平下降，并且应对准合箱线，防止错箱。浇注时，如果金属液浮力将上箱顶起会造成跑火，因此要进行上下型箱紧固，如图 2-26 所示。

图 2-25　修型

图 2-26　合箱紧固

11. 铸件浇注

用手提浇包将液态合金沿着外浇口进行浇注,待金属液冷却后开箱取件,并进行清理。

习　题

1. 手工造型的种类有哪些?
2. 什么特点的模样适合用挖砂造型?

第3章　砂型 3D 打印铸造

3.1　实践目的

（1）了解砂型 3D 打印技术的原理及加工要点，具备操作砂型 3D 打印机制造砂型和砂芯的能力；

（2）掌握简单铸件的型芯三维建模方法；

（3）了解学习砂型 3D 打印铸造成形生产系统的现状、工业互联网及机器人等现代技术在砂型铸造行业中的应用。

3.2　安全操作规程

（1）砂型打印过程中应确保人员远离打印区域，避免造成人员伤害，遇到紧急情况应操作急停按钮；

（2）禁止用嘴吹砂型砂芯，使用气枪时，应放入密闭的空间中吹砂，以免砂尘飞入眼中；

（3）操作浇注机器人时，一定要确保在安全范围内，以免机器伤人；

（4）清理铸件时应用工具锤开，严禁直接用手接触，并及时夹取铸件进行水冷，以免烫伤；

（5）砂型打印、合金熔炼、浇注时会产生有害气体，应保持抽风过滤系统开启。

3.3　砂型 3D 打印铸造工艺

　　砂型铸造因具有满足批量化生产需求、造型材料廉价易得、适用性广等优点，支持单件、批量件、小件、大件、简单件、复杂件等多种类铸件的生产，一直是铸件生产中应用最广泛的方法。然而，砂型铸造也有不少缺点，如：铸型表面较为粗糙，对复杂精密铸件的生产存在较大局限性，模型及芯盒的制作生产周期较长，整体生产效率有待提升等。

　　科技的进步与生产要求的提高，对铸件生产效率、铸造工艺等提出了更高的要求，传统的砂型铸造已满足不了生产发展的需求。近年来，研究人员致力于解决上述问题，最终得到了有效解决方案：砂型 3D 打印技术。砂型 3D 打印技术是基于3D 打印技术（黏结剂喷射成形技术）发展而来的，本质上属于一种增材制造技术。砂型 3D 打印技术的应运而生，很大程度上弥补了传统砂型铸造的不足：利用砂型3D 打印技术可以省去砂型铸造制作模型的环节，对铸件设计的灵活性提供了强力的保障，并且在铸型打印过程前可随时修改形状和尺寸，有效提升产品研发验证效率，弥补了砂型铸造的一些弊端。目前这项技术已在工业生产中逐步普及，并有着良好的应用前景。

3.3.1　砂型 3D 打印工作原理

　　三维打印（three-dimensional printing，3DP）的工作过程（见图 3-1）：利用计算机技术将制件的三维 CAD 模型在竖直方向上按照一定的厚度进行切片，将原来的三维 CAD 信息转化为二维层片信息的集合，成形设备根据各层的层片信息控制喷头在粉床表面的运动，将液滴选择性喷射在粉末表面，将部分粉末黏结起来，形成当前层截面轮廓，逐层循环，层与层之间也通过黏结溶液的黏结作用相固连，直至三维模型打印完成，未黏结的粉末对上层成形材料起支撑作用，同时成形完成后也可以被回收再利用。

　　3DP 工艺具有设备成本相对低廉、运行费用低、成形速度快、可利用材料范围广、成形过程无污染等优点，是最具发展前景的 3D 打印技术之一。砂型 3D 打印的成形原理就是采用这种技术，将树脂黏结剂通过加压的方式输送到打印头中存

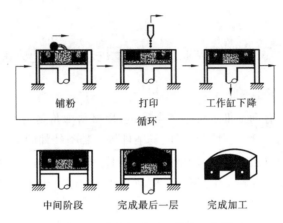

铺粉 → 打印 → 工作缸下降

循环

中间阶段　　　　完成最后一层　　　　完成加工

图 3-1　三维印刷成形工艺的工作原理

储,树脂有选择性地喷在型砂平面上,型砂遇树脂后会黏结为实体,砂子经层层黏结并逐层堆叠而得到最终的实体铸型。

3.3.2　砂型 3D 打印的特点

3DP 工艺在铸造领域中有广泛应用,可以直接生产出砂型和砂芯。与传统工艺相比砂型 3D 打印技术具有诸多优点(见图 3-2),极大地改善了传统砂型铸造工艺繁杂、自动化程度低、制造精度低等问题,具体体现在以下几个方面。

（1）简化工艺流程。

传统砂型铸造中模型及芯盒的设计与制作需要花费较长的时间,模型与芯盒的设计需要在零件图的基础上绘制出铸造工艺图,这就需要考虑给铸型分芯、增加拔模斜度、增加加工余量、设置浇注系统等诸多因素,若零件的外观和尺寸需要临时修改,则会直接对铸件的生产周期产生较大的影响。

砂型 3D 打印直接打印砂型和砂芯,省去了模型与芯盒的制作环节,铸造周期极大缩短,可以节省大量的人力成本与准备时间。此外,砂型 3D 打印在设计时不需要考虑模型的拔模斜度等繁多要素,同时简化了设计的流程,建模后直接打印铸型,提高了速度与灵活性,可以用最少的时间和低成本完成新产品的试制与中小批量产品的交付。

（2）提高铸型精度。

对于传统砂型铸造,铸型是由各个泥芯组合而成的,铸型中空腔的形状与尺寸

	砂型3D打印	传统工艺
制作过程	不需要模具，铸型一次成形	先制作模具，3~4次修模后才能做出铸型
制作时间	15~20天	约120天
生产成本	低	约30万元左右
技能要求	专业技能要求较低，培训一周即可进行操作	专业技能要求高，需有一定经验才能独立工作

图 3-2　砂型 3D 打印与传统工艺对比

是否合格,完全取决于泥芯之间的配合度,很大程度上受泥芯间隙的影响。若零件的结构越复杂,泥芯的数量也会随之增多,此时更难控制好铸型的尺寸与形状的精度。

与传统砂型制造相比,砂型 3D 打印是通过化学黏结剂将型砂直接黏合,大大提升了铸型的强度,并且可使打印出的铸型精度提升一个数量级;砂型 3D 打印使得复杂的铸型变得较为容易操作,只需控制好合型,间接地提高了产品的质量,减少企业对高技术操作工的依赖;此外,通过砂型 3D 打印可以较为精细地控制铸件的加工余量,在设计铸型时可以预留出更少的加工余量,为铸件后续的加工提高了效率。

(3)设计自由。

砂型 3D 打印的应用为铸件设计的多样性、灵活性提供了强力支撑,因其设计几乎不受铸型形状复杂性的限制。在获得铸型之前,只需相应地在电脑端建立好与模型相对应的三维铸型,再等待机器打印出来即可。此外,砂型 3D 打印还可在生产中进行局部或整体参数的修改,利用打印设备获得任意形状的铸型与砂芯,使零件设计更自由。

(4)改善生产环境。

传统砂型铸造生产车间环境较为艰苦,且劳动强度大。砂型 3D 打印利用机器代替了手工造型、制芯的环节,大幅减少了人力劳动。打印的过程在相对封闭的箱体内进行,不会产生扬尘,大幅改善了劳动环境。

砂型 3D 打印工艺辅助制造不需要制造模具,且成形的砂型不受形状限制,因此应用于铸造行业具有以下优势。

（1）首件研制周期和成本大大降低,尤其是可以大幅度缩减复杂铸件的模具成本,同时还适用于单件、小批量铸件的生产。

（2）取消了模具制造的同时也取消了翻砂造型,因此也就不存在拔模斜度,可在一定程度上减轻铸件质量。

（3）成形过程完全数控,因此砂型质量不受人为因素影响,铸件质量稳定性高。

3.3.2 砂型 3D 打印工艺流程

砂型 3D 打印工艺流程主要包含:建模→离散化处理→导入数据→打印→后处理→砂型与砂芯装配→浇注与清理。

1. 建模

砂型 3D 打印的第一道工序是建模,即在电脑端建立三维数字模型,这里的数字模型是指上、下铸型及砂芯。通过 3D 砂型打印所得的铸件精度较高,故在建模之前,需提前计算好铸件的加工余量,设定好浇注系统的位置、出气孔以及冒口数量。在建模时,需充分考虑到上、下铸型及砂芯的装配情况,避免因设计错误导致铸型产生错位等配合度较差的情况。常用的 3D 砂型打印建模软件有 Solid-Works、UG、Catia、Pro/E 等。

2. 离散化处理

与 3D 打印技术原理相同,所制得的三维铸型模型需要进行切片处理,将其分成若干层,如用 Cura 等软件,设定好参数后,经过数据的离散化处理即可准备进入后续工序。目前,也有不少公司自主开发的软件,集成了切片和打印功能。

3. 导入数据

将离散化处理后的数据复制到砂型 3D 打印机中。

4. 打印

在设备打印前,需进行混砂处理并调配好黏结剂,并设定好打印机的参数。3D 打印的过程如下:

（1）供料。砂型 3D 打印的供料方式与 SLS(选择性激光烧结)技术的供料方式相同,供料时将型砂通过水平压辊平铺于打印平台之上。

（2）将树脂黏结剂通过加压的方式输送到打印头中存储。

（3）将树脂有选择性地喷在型砂平面上，型砂遇树脂后会黏结为实体。

（4）一层黏结完成后，打印平台下降，水平压辊再次将型砂铺平，然后再开始新一层的黏结，如此反复层层打印叠加，直至整个模型黏结完毕。

5. 后处理

打印完成后，需要把上、下铸型周围多余未黏结的型砂清理干净，保证浇注前的铸型处于干净无异物的状态。

6. 砂型与砂芯装配

在装配时，需保证上、下铸型对齐，并需检查上、下铸型的配合度。

7. 浇注与清理

传统的浇注工艺主要以人工浇注为主，存在一定的安全隐患。随着工业机器人及 PLC 技术的发展，智能浇注机器人已逐渐广泛应用，相较于手工浇注具有如下特点：

（1）可靠性强、稳定性高、正常运行时间长；

（2）安全性高，浇注中金属液温度极高，可以避免人与高温金属液的接触；

（3）精度高，保证零件生产质量稳定；

（4）通用性强，柔性化，适合不同的应用场合。

操作时可将砂型 3D 打印技术与工业机器人结合起来使用，将打印好的砂型放置到固定点位，编写好程序即可轻松实现自动化浇注。

清理环节同普通砂型铸造。

3.4　实　践　案　例

本实践以弯管（见图 3-3）为案例。该零件有空腔结构，需要设计型芯。

1. 砂型（芯）设计

砂型（芯）设计是基于三维建模软件来实现的，弯管砂型（芯）的设计流程如下（见图 3-4）：

（1）采用常用的建模软件绘制弯管产品的三维模型；

（2）分析弯管产品的铸造工艺，确定分型面、浇注位置、浇注系统、芯头等；

（3）根据确定的工艺参数完成浇注系统的建模；

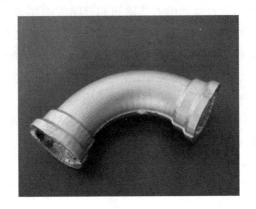

图 3-3　弯管

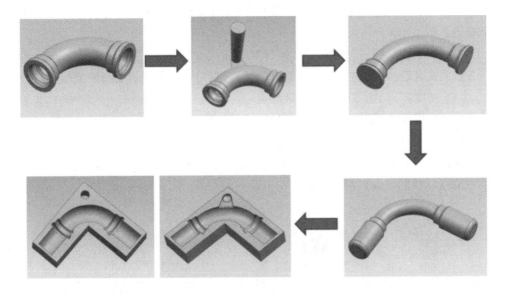

图 3-4　弯管砂型(芯)设计流程

（4）复制弯管产品及浇注系统,利用实体求差的方法获得弯管空腔特征,根据设计的芯头工艺尺寸延伸获得砂芯三维模型;

（5）复制弯管产品及浇注系统、砂芯,合并后,再次利用实体求差的方法获得砂型,并在分型面处将砂型拆分为上砂型和下砂型,并在上砂型两侧设计排气孔;

（6）根据上砂型开孔尺寸设计浇口杯。

2. 铸造数值模拟

铸造数值模拟又称铸造 CAE 技术,即用数值技术模拟铸件在铸型中的浇注、凝固的过程。铸造数值模拟的方法是:把铸件、铸型划分为许多小单元体,假设小单元体的凝固过程由节点控制,利用数值(近似)计算方法建立各小单元体节点的线性传热、传质方程式,由计算机算出各单元体节点的温度变化,预测铸件的凝固组织、力学性能,获得主要工艺参数对铸件凝固组织影响的定量关系,从而为优化铸造工艺过程和最佳的质量控制提供理论依据。铸造数值模拟是现代铸造业中重要的一个环节,可提前预测铸件的凝固进程、热节、温度梯度、冒口补缩状态、液相孤立区,以及缩孔、缩松等铸造缺陷,有效指导实际生产,从而优化、改善铸造工艺。

我们可以利用设计好的三维模型进行数值模拟,让同学们在加工前对产品的设计进行充分评估。本实践以华中科技大学开发的华铸 CAE 软件为例进行示范。

首先,我们开启铸铝重力教学版软件并新建工程,如图 3-5 所示。

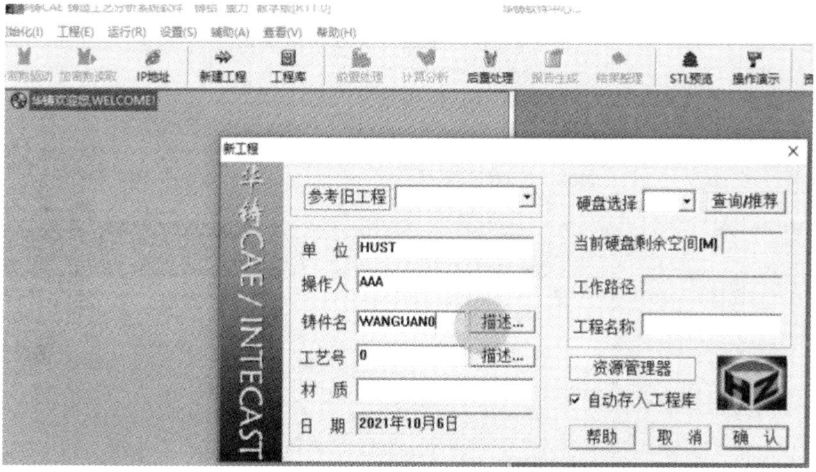

图 3-5　新建数值模拟工程

第一步进行前置处理,将设计好的砂型、铸件、浇道等模型导入软件中,并将模型文件与材质类别一一对应起来,如图 3-6 所示。

设置好优先级别后,再对网格参数进行设置,网格大小设置得越小,仿真精度就越高,但计算时间会更长,可根据实际教学时长自行设置一个合适的网格大小参数,如图 3-7 所示。

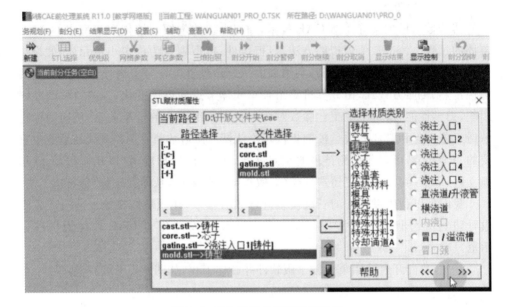

图 3-6　导入模型并对应材质类别

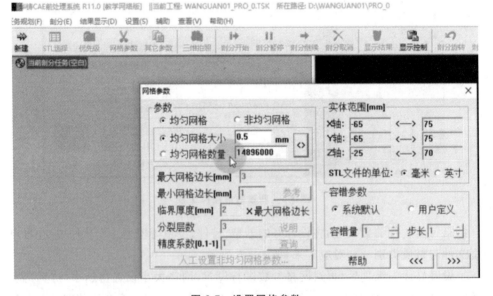

图 3-7　设置网格参数

定义好输入文件名后即可获得网格化后的铸件形状,如图 3-8 所示。

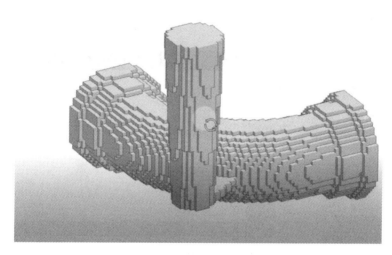

图 3-8　铸件网格

第二步进行计算分析,可以选择基于耦合的凝固计算。将第一步划分的 SGN 文件设为耦合 SGN 和凝固 SGN,并对金属大类、合金种类、合金属性等参数进行设置,如图 3-9 所示。可选择实际使用的材料,如 ZL102 材料。接着在图 3-10 所

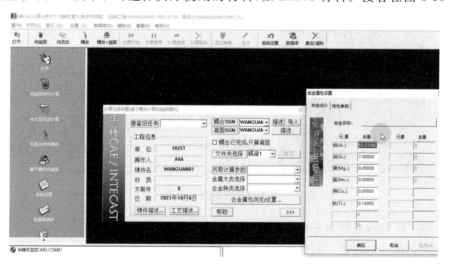

图 3-9　设置合金属性

示页面中设置物性参数。然后在多循环里选择重力补缩功能,如图 3-11 所示。待计算结束后点击确定即可,如图 3-12 所示。

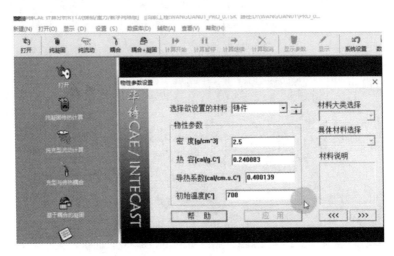

图 3-10   物性参数设置

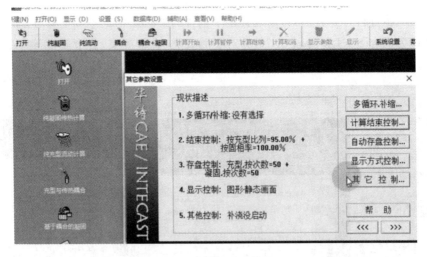

图 3-11   设置其他参数

第三步进行后处理分析,可选择 FLD 流动文件观察流动场,如图 3-13 所示,了解产品的成形过程,并判断设计的合理性。

图 3-12　计算完成后的界面

图 3-13　后置处理

3. 砂型 3D 打印机加工

本实践以华中科技大学自主研发的工业级砂型 3D 打印机为例进行示范。该设备配套的加工系统已集成切片功能,因此不再单独示范切片的操作。

工作前需进行混砂操作,将原砂和固化剂按照一定比例放置在混砂机中均匀搅拌 5~10 min。若为新砂,固化剂与砂的质量比按千分之八进行配比;若有旧砂,旧砂需先进行筛砂清理,筛后的旧砂与新砂的质量比不高于百分之五十,新旧砂均匀混合后,固化剂与砂的质量比按千分之五进行配比。混砂结束后,将砂放置在料斗中,将抽砂管道放置在砂中。

砂型 3D 打印机的操作比较简单,其主要步骤如下。

(1)检查设备。

用吸尘器清理工作台面及铺粉辊上的粉尘。

检查喷头是否被污染,若喷头不干净,先用吸耳球吹一吹,再用清洗液浸湿尼龙布,轻轻擦拭喷头表面。

仔细检查工作腔内、工作台面上有无杂物,以免杂物损伤铺粉辊及其他元器件。

(2)运行设备。

启动砂型 3D 打印机内置计算机。按下打印机开机按钮,待其指示灯点亮后升起防护罩。

运行 Easy3DP 软件,将工作台面手动升至极限位置,并在储粉桶中加满混好的料。

将粉末材料吸入二级储粉仓并在控制面板中点击手动上粉,首次上粉时间较长,软件提示上粉完成表示手动上粉完成。

在调试面板中,点击"铺粉",利用工作缸进行左给粉和上下漏粉操作及铺粉辊的来回移动,使粉末材料平铺均匀。

在 Easy3DP 软件中打开模型并根据加工需要进行图形预处理。可通过"实体转换"菜单将模型进行适当的旋转,以选取理想的加工方位,以及对模型进行阵列等。

在 Easy3DP 软件的"控制面板"界面中点击"加墨"直到墨盒加满,点击"加压"排出管道中的空气,用清洁布擦干喷头上的残留树脂后,在喷头下方放置白纸,点击"闪喷"检查闪喷效果,闪喷不正常时重复以上步骤,若一直有异常则需更换喷头。闪喷正常则可在"制造面板"界面中点击"制造",待软件自动切片后开始加工。

打印过程(见图 3-14)中需注意喷头上不能有黏结的砂块,避免堵塞喷头,造成不可修复的损伤;打印过程中还需要检查材料是否足够、抽砂是否正常,避免设备无落砂空运行。

待砂型(芯)固化成形后,点击设备左侧的工作缸电源启动按钮,并按压工作缸

图 3-14　打印过程

向外移动按钮,方便取出砂型(芯)。

（3）关闭设备。

加工结束后,先进行设备初始化,使喷头回到原点,再点击"自动清洗",清洗完后将喷头移至保湿墨栈,点击"保湿升起",保护喷头。最后降下防护罩,依次关闭计算机和设备电源。

4. 砂型(芯)的后处理与合型

将打印成形固化好的砂型(芯)取出,利用吹砂机、毛刷等工具清理砂型表面残留物以获得砂型(芯)(见图 3-15)。

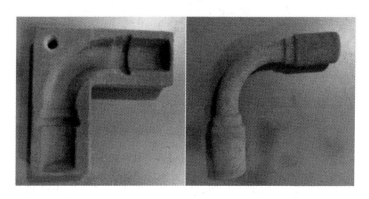

图 3-15　砂型(芯)

合型应保证型腔的几何形状、尺寸准确,砂芯安放牢固等。将上型、下型、砂芯

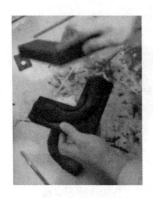

图 3-16　砂型(芯)装配

按照图 3-16 所示情况装配,并在浇口处放置浇口杯,便于浇注和成形。在上砂型表面放置压铁避免"跑火"。

5. 浇注操作

若采用手工浇注的方式,需要控制浇注温度、浇注速度并按规范操作。

若采用机器人浇注,需提前设置好浇注点位、汤量及机器人运动轨迹,本案例介绍机器人浇注方法,如图 3-17 所示。

操作前,需将砂型依次放置在工位 1 上的 1～3 点位上,并将铝合金熔化炉保护盖移开,以便机器人舀取铝液。然后按照如下步骤依次操作:

图 3-17　机器人浇注

（1）开启教室配电柜中的总电源,然后依次开启设备电柜中的机器人、PLC 系统、伺服系统的电源;

（2）开启机器人电源(旋至 ON 状态);

（3）待机器人开机后,将控制柜上的手动/自动按钮旋至手动状态,再按黄色

复位按钮进行汤勺复位,待汤勺复位后,再将手动/自动按钮旋至自动状态,绿灯亮即可;

(4) 确认安全防护栏门关闭后,将机器人工控机上的钥匙旋至左侧(自动状态),在示教器面板上点击确认;

(5) 点击机器人工控机上的白色按钮使机器人上电;

(6) 在示教器面板右下角将机器人的运行速度调整为 25%;

(7) 在示教器面板上点击 PP 移至 main 并确定,使机器人处于自动运行状态;

(8) 点击控制柜上的绿色按钮选择浇注工位 1,长按至灯亮即可,机器人会自动浇注工位 1 上的 1 号点位;

(9) 继续选择浇注工位 1,机器人会依次浇注工位 1 上的 2 号点位、3 号点位,再循环至 1 号点位;

(10) 浇注完毕后,依次关闭机器人工控机电源、设备电柜中的电源、教室配电柜中的总电源。

6. 铸件落砂清理及质量检测操作

落砂后的铸件清理包括切除浇冒口、清除芯砂、清除黏砂及铸件修整等操作,通过铸件清理获得铸件成品。

对清理完的铸件应进行质量检验。铸件质量包括内在质量和外观质量。内在质量检验包括化学成分、物理和力学性能、金相组织以及存在于铸件内部的孔洞、裂纹、夹杂物等缺陷的检测;外观质量检验包括铸件的尺寸精度、几何精度、表面粗糙度、质量偏差及表面缺陷等的检测。影响铸件质量的因素很多,某一缺陷可能由多种因素造成,或一种因素可能引起多种缺陷。

习　　题

1. 砂型 3D 打印技术的原理是什么?

2. 与传统砂型铸造相比,砂型 3D 打印铸造的优缺点是什么?

3. 与手工浇注相比,机器人浇注的优缺点是什么?

第4章 特种铸造及虚拟仿真

4.1 实 践 目 的

（1）了解常用特种铸造工艺与传统砂型铸造工艺的异同点；

（2）了解工业机器人、PLC、CAE 等现代技术系统在铸造领域的应用；

（3）具备使用铸造 CAE 软件进行铸件成形数值模拟的能力；

（4）利用 AR、VR 等虚拟现实技术学习特种铸造工艺知识。

4.2 安全操作规程

（1）进入实训场地必须穿工训服，禁止穿短裤、裙子、拖鞋、凉鞋和高跟鞋；

（2）启动压铸机和四柱液压机前，应先清理模具上的各种杂物，检查各电气设施、传动部位是否正常，防护装置是否齐全、可靠；

（3）开启电源后，检查油泵声响是否异常，液压单元及管道、接头是否有泄漏现象；

（4）启动设备前确认相关参数是否匹配；

（5）应把模具加热到规定温度后，才可注入金属溶液；

（6）设备工作时，严禁打开围栏进入工作区，以免造成加工程序终止；

（7）刚加工出的零件温度较高，需水冷到一定温度后才能用手接触；

（8）合金熔炼、浇注时会产生有害气体，应保持抽风过滤系统处于开启状态。

特种铸造

4.3　特种铸造

　　科学技术的发展和生产水平的提高,对铸件质量、劳动生产效率、劳动条件和生产成本有了更高的要求。所谓特种铸造,是指有别于砂型铸造方法的其他铸造工艺。目前特种铸造方法已发展到几十种,常用的特种铸造方法有熔模铸造、金属型铸造、离心铸造、压力铸造、低压铸造、陶瓷型铸造,另外还有实型铸造、磁型铸造、石墨型铸造、反压铸造、连续铸造和挤压铸造等。

　　特种铸造能获得如此迅速的发展,主要是由于这些方法一般都能提高铸件的尺寸精度和表面质量或提高铸件的物理及力学性能;此外,大多特种铸造能提高金属的利用率(工艺出品率),减少消耗量;有些铸造方法更适合高熔点、低流动性、易氧化合金铸件的铸造;有的能明显改善劳动条件,便于实现机械化和自动化生产,提高生产效率。结合目前各个高校的实际情况,本书将侧重对压力铸造、挤压铸造、消失模铸造等进行介绍。

4.3.1　压力铸造

　　压力铸造是在高压(5~150 MPa)作用下将金属液以较高的速度(5~100 m/s)压入高精度的型腔内,力求在压力下使金属液快速凝固,以获得优质铸件的高效率铸造方法。

　　压力铸造的基本设备是压铸机。压铸机可分为热室压铸机和冷室压铸机两大类,冷室压铸机又可分为立式和卧式两种类型,它们的工作原理基本相似。图 4-1 为卧式冷室压铸机,用高压油驱动,具有合型力大、充型速度快、生产率高等特点,应用较广泛。

　　压铸模是压力铸造加工铸件的主要装备(模具),主要由定模和动模两大部分组成。定模固定在压铸机的定模座板上,通过浇道将压铸机压室与型腔连通。动模随压铸机的动模座板移动,完成开合模动作。压铸工艺过程见图 4-2。将熔融金属定量浇入压射室中(见图 4-2(a)),压射冲头以高压把金属液压入型腔中(见图4-2(b)),铸件凝固后打开压铸模,用顶杆把铸件从压铸模型腔中顶出(见图 4-2(c))。

图 4-1　卧式冷室压铸机

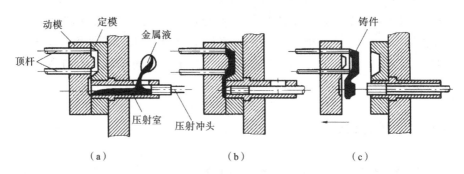

（a）　　　　　　　　　　（b）　　　　　　　　　（c）

图 4-2　压铸工艺过程示意图

　　压铸工艺的优点是压铸件具有"三高"：铸件质量高，尺寸精度较高（IT11～IT13），表面质量高（表面粗糙度 Ra 值可达 3.2～0.8 μm）；强度与硬度高（σ_b 比砂型铸件高 20%～40%）；生产率高（50～150 件/h），适合于大批量生产。

　　缺点是：由于压铸速度快，气体不易从模具中排出，所以压铸件易产生气孔（针孔）缺陷，且压铸件塑性较差；设备投资大，应用范围较窄（适于低熔点的合金和较小的、薄壁且均匀的铸件）。

4.3.2　挤压铸造

　　挤压铸造，又称液态模锻，是对注入模具中的液态或半液态的金属或合金施加较高的机械压力，使其成形和凝固从而获得制件（毛坯）的工艺方法。其典型工艺过程为将液态合金直接注入敞口模具中,随后闭合模具,以产生充填流动,达到制件外部形状,接着施以高压,使正在凝固的金属承受等静压,并在高压下凝固,最后获得制件。由于高压凝固和塑性变形同时存在,制件无缩孔、缩松等缺陷,组织细密,力学性能高于普通铸件,接近或相当于锻件水平;无须进行冒口补缩,因而金属利用率高,工序简化。挤压铸造为具有潜在应用前景的新型金属加工工艺。

挤压铸造的工艺流程如图 4-3 所示,可分为金属熔化和模具准备、浇注、合模和施压、卸模和顶出制件四个步骤。

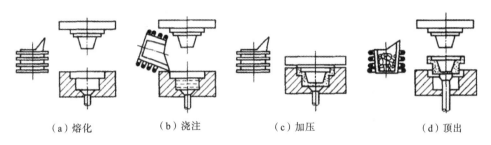

（a）熔化　　　　（b）浇注　　　　（c）加压　　　　（d）顶出

图 4-3　挤压铸造工艺流程

挤压铸造是一种借鉴压力铸造和模锻工艺而发展起来的新型金属加工工艺,它包含了压力铸造和模锻的若干特点,并且有自己的特性。挤压铸造的主要特点如下:

（1）在成形过程中,尚未凝固的金属液自始至终经受等静压,并在压力作用下,发生结晶凝固,流动成形。

（2）尚未凝固的金属在成形过程中,在压力作用下产生塑性变形,使毛坯外侧紧贴模腔壁,金属液获得并保持等静压。

（3）由于凝固层产生塑性变形,要消耗一部分能量,因此金属液经受的等静压值不是定值,而是随着凝固层的增厚逐渐下降。

（4）固-液区在压力作用下,发生强制性的补缩。

与压力铸造比较,除了以液态金属作为原料这点相同外,挤压铸造还有许多不同之处。

（1）液态金属注入模腔的方式不同。压力铸造借助压力,沿着浇注系统,在极短的时间内,将熔融金属以高速（15～70 m/s）充满闭合的模腔。而挤压铸造时,金属液是通过浇包直接注入模腔内,其浇注速度不高。前者由于在高速冲压作用下模腔内的空气来不及排出,而被卷入金属液内,会形成皮下气泡。后者则通过冲头施压(闭合模腔),金属液流动缓慢稳定,气体大部分可以从凸凹模间隙中排出,而溶解在金属液内的少量气体在压力下也可以逐渐逸出,在毛坯中不易形成气孔。因此,压力铸造必须考虑排气条件,而挤压铸造可不必过多考虑。

(2) 压力的传递方式不同。压力铸造靠浇注系统传递压力。由于浇道很长,金属液经过浇道很快失掉过热度,压入模腔后迅速凝固。当填充结束时,尚未凝固的金属液可能在压力持续作用下凝固,但这一压力是有限的,而浇道一旦堵塞,金属液便发生自由结晶。挤压铸造则不然。挤压铸造的压力传递是通过施压冲头端面直接(或通过已凝固壳)施加在金属液面上,除了在成形过程中已凝固层塑性变形要消耗一部分能量外,机器全部能量都用在使金属液获得等静压,并在过程中保持。因此,两者的根本区别在于后者是在压力作用下发生结晶凝固,流动成形,而前者则不完全属于压力结晶凝固,更不属于压力下液态金属凝固流动成形直至获得制品的范畴。前者铸件组织粗化,缺陷多,后者铸件组织致密,晶粒细化。

与模锻相比,除了在压力作用下,在闭合金属模腔内成形这点相同外,挤压铸造也有下列不同点。

(1) 模锻时,原始毛坯与模腔形状不一致。为了获得与模腔轮廓形状一致的毛坯,模锻必须在压力下使金属发生撤粗、压挤等强烈的塑性流动,以填充锻模,获得具有一定外形和一定流线组织的毛坯,挤压铸造则不具有上述的特征。因为合模时,金属液在上模块和横梁的自重作用下,便可发生流动以填充模腔。挤压铸造成形过程中,金属也有塑性流动,但这种塑性流动是有限的。因此挤压铸造的组织不可能具有明显的塑性变形组织。

(2) 对于形状复杂的模锻件,模锻工艺要采用多模腔模锻才能成形,而挤压铸造一次便可成形,并且前者成形时所需要的设备吨位比后者大很多。

挤压铸造工艺适用范围,从国内外实际应用情况来看,主要是以下几方面:

(1) 在材料种类方面适用性较广,可用于生产各种类型的合金铸件,如铝合金、锌合金、铜合金、灰铸铁、球墨铸铁、碳钢、不锈钢等铸件。

(2) 对于一些形状复杂且性能上又有一定要求的产品,采用挤压铸造较为合适。因为形状复杂,采用一般模锻方法成形是困难的,即使能够成形,但生产成本太高(或废品率高),在经济上不合算。如果采用铸造的方法,则产品性能又难以达到要求。而挤压铸造的优势在于补充铸造和模锻两种工艺的不足,针对某些特殊产品,既可以顺利成形,又能保证产品性能的要求。

(3) 工件壁一般来讲不能太薄,否则将给成形带来困难,甚至产生废品。如某些有色金属的电器工件,当壁厚在 5 mm 以下时,采用挤压铸造则组织不均。当然,工件壁也不宜太厚,尤其对于黑色金属。在目前的生产条件下,只有壁厚在 50 mm 以下,工件才能顺利成形。

4.3.3　消失模铸造

消失模铸造又称气化模铸造或实型铸造。它是采用泡沫塑料模样代替普通模样紧实造型,造好铸型后不取出模样,直接浇入金属液,在高温金属液的作用下,模样因受热气化而消失,金属液取代原来泡沫塑料模样占据的空间位置,冷却凝固后即获得所需的铸件。消失模铸造适用范围如下。

(1) 除低碳钢以外的各类合金(消失模在浇注过程中会因熔失而对低碳钢产生增碳作用,使低碳钢的碳含量增加)。该法的典型应用是制造各种汽车的气缸盖、铝合金发动机缸体(见图 4-4)及其他铸件。

图 4-4　六缸发动机缸体消失模铸件及泡沫模样

(2) 壁厚在 4 mm 以上的铸件。

(3) 质量为几千克至几十吨的铸件。

(4) 铸件生产批量不受限制。

消失模铸造工艺过程如图 4-5 所示。

1. 泡沫塑料模样的成形加工及组装

泡沫塑料模样通常采用两种方法制成:一种是采用商品泡沫塑料板料切削加工、黏结成形;另一种是商品泡沫塑料珠粒预发泡后,经模具发泡成形。由泡沫塑

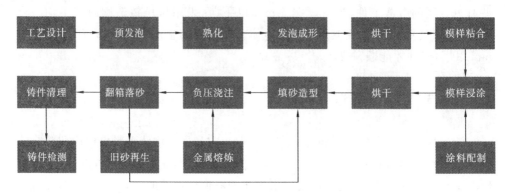

图 4-5   消失模铸造工艺过程

料珠粒原材料制成铸件模样的工艺过程包括预发泡、熟化以及发泡成形。泡沫塑料模样加工成形后,不同部分的模样及浇、冒口系统要进行组装、黏结,通常采用热熔胶或冷黏胶黏结组装。

2. 涂料

泡沫塑料模样及其浇注系统组装成形后应刷上涂料。涂料在消失模铸造工艺中具有十分重要的控制作用:涂层将金属液与干砂隔离,可防止冲砂、黏砂等缺陷产生;浇注充型时,涂层将模样的热解气体产物快速导出,可防止浇不足、气孔、夹渣、增碳等缺陷产生;涂层可提高模样的强度和刚度,使模样能经受住填砂、紧实、抽真空等过程中外力的作用,避免模样变形。

消失模铸造涂料与普通砂型锻造涂料的组成相似,主要由耐火填料、分散介质、黏结剂、悬浮剂及改善某些特殊性能的附加物组成。

3. 造型、浇注及型砂处理

(1) 消失模铸造用砂。消失模铸造通常采用无黏结剂的硅砂来充填、紧实模样。

(2) 雨淋式加砂。在模样放入砂箱内紧实之前,砂箱的底部要填入一定厚度(约 100 mm)的型砂作为放置模样的砂床。然后放入模样,再边加砂边振动紧实,直至填满砂箱,紧实完毕。为了避免加砂过程中因砂粒的冲击使模样变形,由砂斗向砂箱内加砂常采用柔性管加砂和雨淋式加砂两种方法。雨淋式加砂是砂粒通过砂箱上方的筛网或雨淋式多管孔加入。这种方法加砂均匀,对模样的冲击较小,是生产中常用的方法。

(3) 砂的振动紧实。清失模铸造中干砂的加入、充填和紧实是得到优质铸件的重要工序。砂子的加入速度必须与砂子的紧实过程相匹配。振动紧实应在加砂过程中进行,以便使砂子充入模样空腔,并保证砂子足够紧实而又不发生变形。

(4) 真空下浇注。型砂紧实后的浇注通常在真空状态下进行,抽真空是将砂箱内砂粒间的空气抽走,使密封的砂箱内部处于负压状态,因此砂箱内外产生一定的压差。在此压差的作用下,砂箱内松散流动的干砂变成紧实坚硬的铸型,具有抵抗液态金属作用的抗压、抗剪强度。抽真空的另一个作用是强化金属浇注时泡沫塑料模气化后气体的排出效果,避免或减少铸件的气孔、夹渣等缺陷。

(5) 型砂的冷却。消失模铸件落砂后的型砂温度很高,由于是干砂,其冷却速度相对较慢,对于规模较大的流水生产的消失模铸造车间,型砂的冷却是消失模铸造的关键,型砂的冷却设备是消失模铸造车间砂处理系统的主要设备。常用的冷却设备主要有振动沸腾冷却设备、振动提升冷却设备和砂温调节器等。

4.4　虚拟仿真技术

特种铸造的设备成本较高,普通高校在实际实训教学中,可以利用虚拟仿真技术解决常规实训过程中不敢做(高污染、高风险)、做不了(过程不透明、观察手段有限)、做不起(高成本)的瓶颈问题,有效消除设备、场地等硬件限制对实训的影响。

虚拟现实又称虚拟环境、灵境或人工环境,是指利用计算机生成一种可对参与者直接施加视觉、听觉和触觉感受,并允许其交互地观察和操作的虚拟技术。经过调研,在高校实训课程中,用得比较多的是虚拟仿真实训平台,该平台从真实车间取材,等比例还原加工车间,学生通过在虚拟车间环境中进行仿真交互,完成工艺的学习和考核,如图 4-6 所示。

除此之外,还有增强现实技术的实训应用。

4.4.1　增强现实技术

增强现实(augmented reality,AR)技术通过将计算机生成的虚拟信息叠加到真实环境中,来丰富人们与现实世界和数字世界的互动,以达到超越现实的感官体验。随着 AR 技术的快速发展,AR 产品已被广泛应用于游戏、军事、教育、医疗和零售等领域。

图 4-6 消失模铸造虚拟仿真实训平台

比如通过对小汽车的发动机缸体、缸盖、变速箱、保险杠、车灯等进行识别，以虚拟现实的方式展示小汽车重要零部件的热加工方式，使学生能初步了解材料成形在汽车领域中的应用，同时完成相应零部件的热加工方式和原理的认知学习，如图 4-7 所示。

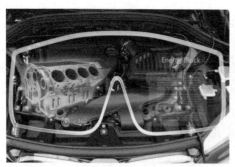

图 4-7 增强现实技术应用

4.4.2 虚拟现实技术

虚拟现实（virtual reality，VR）技术是一门综合多媒体技术、计算机视觉、计算机图形学、网络技术、机械工程、人机交互技术以及人工智能技术等的新兴技术，它的应用范围越来越广。虚拟现实技术的三大特征包括想象性、交互性和沉浸感，其中沉浸感是最为主要的特征。

VR 技术应用广泛，特别适合需要消耗大量人、财、物以及具有危险性的应用领域，具体来说主要包括医学、工业、手机、军事、教育、游戏等领域，如图 4-8 所示。

图 4-8　VR 技术应用

4.5　实践案例

4.5.1　压铸实践案例

随着工业机器人的应用，压力铸造的生产过程越来越智能化。一条完整的智能压力铸造产线如图 4-9 所示，产线包含压铸机、智能压铸辅助控制系统、取件喷雾机器人、铝合金熔化炉等，可实现铝合金熔化保温、机器人给汤、压铸、机器人取件、模具喷雾、产品检测、成品输出等全自动压铸流程。本实践以手机壳零件（见图 4-10）为案例，该产品非常薄（厚度约为 1 mm），能够体现压力铸造的加工特点。

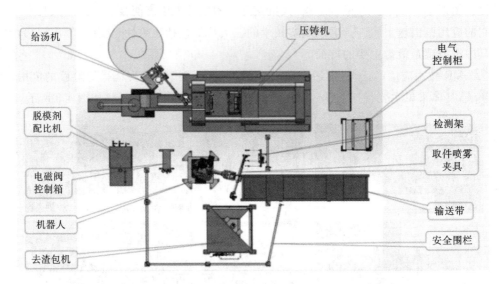

图中标注：给汤机、压铸机、电气控制柜、脱模剂配比机、检测架、取件喷雾夹具、电磁阀控制箱、机器人、去渣包机、输送带、安全围栏

图 4-9　智能压力铸造产线

图 4-10　手机壳产品

该产线的操作步骤如下：

（1）开启铝合金熔化炉电源，先预热再逐步加热熔化铝合金，并使用移动式铝液除气机除去铝液中的氢气；

（2）开启模温机将模具温度预热至 180～200 ℃；

（3）打开储气罐开关，开启压铸机电源，打开电气控制柜中的机器人电源和给汤机电源，开启脱模剂配比机、输送带等辅助设备的电源；

（4）开启压铸机油泵，打开模具，用气枪清理表面，并涂刷涂料；

（5）将机器人工控机的电源打开（至"ON"挡），将钥匙旋至左侧（自动状态），并在示教器面板上点击确认，最后在机器人工控机上按压白色按钮进行上电；

（6）在示教器面板上点击"PP 移至 main"，然后按启动按钮（▶）运行程序，等待压铸机合模信号；

（7）将压铸机电气控制柜上的门锁开关旋至"O"挡位，给汤机、压铸机均旋至自动模式，关闭压铸机前门，双手合模。

压铸产线将按照程序执行生产，认知实操时，可在手动模式下练习开合模、锤头进出、顶针顶出复位等操作,让学生能更直观地了解压铸的生产过程。

模具是压铸过程中不可或缺的基础工艺装备,它的质量决定了产品的好与坏。由于实际模具较重,为了更好地认识模具、理解模具,我们可以在计算机上通过压铸模具运动仿真操作来进一步巩固压铸知识。

我们在计算机上把模具装配图打开,分别将动模、定模、顶出机构、产品等模块定义出来,通过三维制图软件中的运动仿真功能,实现开模、产品顶出、合模的运动动画。示例的模具 3D 模型及开合动作如图 4-11 所示。

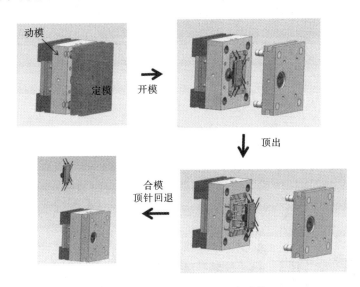

图 4-11　模具 3D 模型及开合动作

工艺参数也是影响产品质量的重要因素之一,在实训过程中,我们无法较大幅度调整压力值、压射比等参数,因为较大幅度调整参数容易损耗设备。而轻微调整又无法在实物产品中体现其结果,这也是很多高校在实训过程中遇到的一个棘手的问题。现代压铸模 CAD/CAE/CAM 技术的广泛应用从根本上改变了传统模具的设计与制造方法,大大优化了模具结构、成形工艺,提高了压铸件的质量及新产品的开发效率。因此我们可以在计算机上利用数值模拟技术让同学们更加直观地了解工艺参数的作用,如利用华中科技大学开发的华铸 CAE 仿真系统。首先为了减少计算量可简化模具,对手机壳产品、模具等三维模型进行网格划分处理,然后设定好脱模方向、进料口、流道并对相关工艺参数进行计算,在后处理中生成有关流动场的分析报告,并在此基础上提出工艺参数的优化方向,如图 4-12 所示。

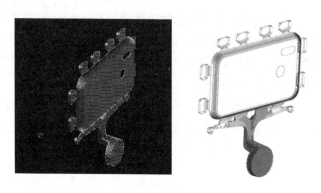

图 4-12　手机壳压铸 CAE 仿真训练

4.5.2　挤压铸造实践案例

一套半自动化的挤压铸造设备如图 4-13 所示，由四柱液压机、智能挤压辅助控制系统、浇注机器人、铝合金熔化炉等组成。

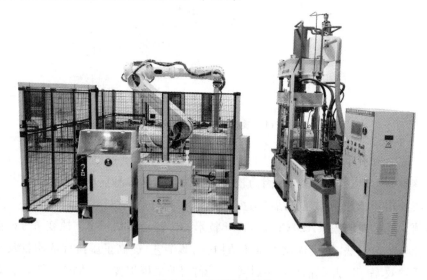

图 4-13　挤压铸造设备

该产线的操作步骤如下：

（1）开启铝合金熔化炉电源，先预热再逐步加热熔化铝合金，并使用移动式铝液除气机除去铝液中的氢气；

（2）开启加热系统使模具温度预热至 150～200 ℃,喷洒一次脱模剂;

（3）开启四柱液压机、总控制柜、机器人电源;

（4）待机器人开机后,将控制柜上的手动/自动按钮旋至手动状态,再按黄色复位按钮进行汤勺复位,待汤勺复位后,再将手动/自动按钮旋至自动状态,绿灯亮即可;

（5）确认安全防护栏门关闭后,将机器人工控机上的钥匙旋至左侧（自动状态）,在示教器面板上点击确认;

（6）点击机器人工控机上的白色按钮使机器人上电;

（7）在示教器面板右下角将机器人的运行速度调整为 25%;

（8）在示教器面板上点击"PP 移至 main"并确定,使机器人处于自动运行状态;

（9）点击控制柜上的绿色按钮,选择浇注工位 2,长按至灯亮即可,机器人会自动浇注;

（10）浇注完毕后,四柱液压机自动保压一定时间并开启模具,顶出产品,然后人工夹取产品。

整个过程半自动化运行,每十模需喷洒一次脱模剂。

4.5.3　消失模铸造虚拟仿真实践案例

本实践案例以华中科技大学使用的虚拟仿真实验平台为参考,学生可在计算机上完成消失模铸造的工艺实训,亦可以利用虚拟现实设备进行沉浸式实践操作。

（1）在计算机上实训时,需使用工位号登录。

（2）工艺选择如图 4-14 所示。通过点击鼠标左键拖动或点击箭头选择工艺模块,勾选"学习模式"或者"考核模式",点击"进入系统"确认选择,先完成学习模式,再进入相应工艺的考核模式完成考核,点击"实验报告"可以查询实训成绩。

（3）实验操作菜单如图 4-15 所示。界面右上角显示当前登录学生序号,界面菜单包含"返回上一级""最小化系统""主页""导航栏"。学生依次点击导航栏工艺流程按钮,可以打开导航栏二级菜单,进行相应的工艺知识学习及设备操作训练。在学习中,可通过"W""S""A""D"按键实现虚拟场景中的前进、后退、左、右移动等。

（4）消失模铸造简介操作示例如图 4-16 所示。顶部依次选择"简介""基本工艺流程""厂区区域布局""主要工艺设备",主界面切换相应的文字、图片、视频内

图 4-14　工艺选择

图 4-15　实验操作菜单

容。滚动鼠标可翻页,点击鼠标可切换或者翻转图片,拖动鼠标可调节视频进度。

（5）虚拟物体移动操作示例如图 4-17 所示。在左侧导航栏点击"白模工艺",在下拉二级菜单中可以选择白模工艺操作,选择"预发泡",点击底部预发泡工步按钮"上料"可以进行上料操作,点击高亮物体(料桶),料桶将进行自动移动。

（6）虚拟面板操作示例如图 4-18 所示。在左侧导航栏点击"白模工艺",在下

图 4-16　消失模铸造简介操作示例

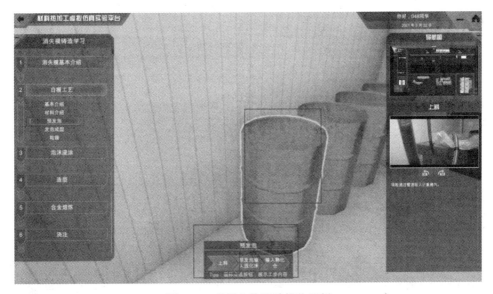

图 4-17　虚拟物体移动操作示例

拉二级菜单中可以选择白模工艺操作,选择"预发泡",点击底部预发泡工步按钮
"预发泡",可以进行预发泡操作,点击面板上的高亮文字"预发泡",发泡室将进行
预发泡动作。

图 4-18 虚拟面板操作示例

（7）虚拟设备按钮操作示例如图 4-19 所示。在左侧导航栏点击"白模工艺"，

图 4-19 虚拟设备按钮操作示例

在下拉二级菜单中可以选择白模工艺操作，选择"发泡成型"，点击底部的"合模"按钮，可以进行合模操作，点击设备上高亮的合模按钮，设备将进行合模操作。

习　　题

1. 压力铸造的三大要素是什么？它们对压铸件质量有哪些影响？
2. 与压力铸造、模锻相比，挤压铸造的优缺点是什么？
3. 消失模铸造包含哪些工艺流程？
4. 虚拟仿真技术在铸造行业中的应用有哪些？

拓展视频

（小工艺品造型）

参考文献

[1] 朱华炳,田杰,李小蕴,等. 制造技术工程训练[M]. 2版. 北京:机械工业出版社,2019.

[2] 傅水根,李双寿. 机械制造实习[M]. 北京:清华大出版社,2009.

[3] 胡庆夕,张海光,何岚岚. 现代工程训练基础实践教程[M]. 北京:机械工业出版社,2021.

[4] 王志海,舒敬萍,马晋. 机械制造工程实训及创新教育[M]. 北京:清华大学出版社,2014.

[5] 高红霞. 工程材料成形基础[M]. 北京:机械工业出版社,2021.

[6] 沈其文. 材料成形工艺基础[M]. 4版. 武汉:华中科技大学出版社,2021.

[7] 江昌勇. 压铸成形工艺与模具设计[M]. 2版. 北京:北京大学出版社,2018.

[8] 安玉良,黄勇,杨玉芳. 现代压铸技术使用手册[M]. 北京:化学工业出版社,2020.

[9] 罗守靖,陈炳光,齐丕骤. 液态模锻与挤压铸造技术[M]. 北京:化学工业出版社,2006.

[10] 夏巨谌,张启勋. 材料成形工艺[M]. 2版. 北京:机械工业出版社,2010.

[11] 《中国电力百科全书》编辑委员会,中国电力出版社《中国电力百科全书》编辑部. 中国电力百科全书·电工技术基础卷[M]. 北京:中国电力出版社,2001.

[12] 黄天佑,黄乃瑜,吕志刚. 消失模铸造技术[M]. 北京:机械工业出版社,2004.

[13] 史晓刚,薛正辉,李会会,等. 增强现实显示技术综述[J]. 中国光学,2021,14(5):1146-1161.

[14] 宋殿义,张炜,龚佑兴,等. 基于虚拟现实技术的实践教学初探[J]. 高教学刊,2020(20):114-116.